DIEU MANIFESTÉ

PAR

LES ŒUVRES DE LA CRÉATION.

Imprimerie de A. HENRY, rue Git-le-Cœur, 8.

DIEU

MANIFESTÉ PAR LES ŒUVRES

DE LA CRÉATION

PAR

Mᵐᵉ EUGÉNIE NIBOYET

Membre de plusieurs sociétés littéraires et philanthropiques

Ouvrage que la Société de la Morale Chrétienne a
couronné d'un grand prix

TOME PREMIER.

PARIS,

DIDIER, LIBRAIRE-ÉDITEUR,

QUAI DES AUGUSTINS, 35.

1842

HOMMAGE AU FONDATEUR DU PRIX,

L'AUTEUR RECONNAISSANT,

A MM. les Président et Membres de la Société de la Morale chrétienne.

TÉMOIGNAGE D'ESTIME ET DE RESPECT.

A MADAME ÉMILIE M***,

Expression de la plus vive et de la plus profonde gratitude.

A MES SŒURS ÉLISA ET ALINE,

Hommage d'un travail dédié à leur amitié.

PRÉFACE DE L'AUTEUR.

L'ouvrage que je livre au public est le fruit d'une conviction profonde, *Dieu manifesté par les œuvres de la création.* La Société de la Morale Chrétienne, en mettant au concours cette importante question, avait posé, par un programme, les jalons qui devaient guider les auteurs. Seule, j'ai suivi l'ordre indiqué, et je dois, sans doute, à cette persistance le succès que j'ai obtenu.

J'ai écrit pour être utile aux hommes qui ne savent pas assez, aux femmes qui ne savent guère, aux enfants qui ne savent pas du tout. Mon ouvrage convient spécialement aux Maisons d'éducation, aux instituteurs privés et aux parents qui veulent diriger eux - mêmes l'éducation de leurs enfants.

J'ai suivi, dans l'ordre scientifique, les données qui se rapportent au plan providentiel. Cuvier et Buckland ont été mes guides ; la sainte Bible, le code où j'ai puisé pour démontrer que les Écritures sont constamment d'accord avec les lois qui régissent l'univers et le monde. Ainsi, la *géogonie*, ou histoire primitive du globe, est exprimée au premier chapitre de la Genèse, et les six jours dont parle l'Écriture sont six périodes admises par la science.

Un tableau comparatif, qui accompagne ma courte préface, fera mieux connaître le plan entier de cet ouvrage, dont le quatrième volume donne, au dernier chapitre, un résumé succinct.

J'ai tenu à faire connaître à mes lecteurs la signification exacte de chaque mot scientifique : j'ai dû penser qu'ils ignoraient ; qu'ils me pardonnent s'ils savent, et puissé-je moi-même, en vue de leur être utile, n'avoir pas trop présumé de mes forces.

Eugénie Niboyet.

PLAN DE L'OUVRAGE.

ORDRE GÉNÉSIAQUE.	ORDRE SCIENTIFIQUE.
GENÈSE, CHAP. Iᵉʳ.	**GÉOGONIE.**
Au commencement, Dieu créa le ciel et la terre. La terre était informe et toute nue. Les ténèbres couvraient la face de l'abîme, et l'esprit de Dieu était porté sur les eaux.	Histoire primitive du globe, chap. 1 et 2.
Or, Dieu dit : Que la lumière soit, et la lumière fut. Dieu donna à la lumière le nom de jour, et aux ténèbres le nom de nuit : ce fut le premier jour.	Lumière. — Le fluide lumineux était répandu dans l'espace avant la formation de l'atmosphère terrestre, chap. 3.
Dieu dit aussi : Que le firmament soit fait au milieu des eaux, et qu'il sépare les eaux d'avec les eaux; ce fut le second jour.	Ciel.
	GÉOLOGIE.
Dieu dit encore : Que les eaux qui sont sous le ciel se rassemblent en un seul lieu, et que le sec paraisse. Et Dieu nomma le sec, terre, et il appela mers toutes les eaux rassemblées.	Abaissement des eaux.
Dieu dit encore : Que la terre produise de l'herbe	Végétaux primitifs, chap. 4.

verte qui porte de la graine,
et des arbres fruitiers qui
portent du fruit chacun selon son espèce, et qui renferment leur semence en
eux-mêmes, pour se repro-
duire sur la terre. Et cela se
fit ainsi : ce fut le troisième
jour.

Dieu dit aussi : Que les
corps de lumière soient faits
dans le firmament du ciel,
afin qu'ils séparent le jour
d'avec la nuit et qu'ils servent de signes pour mar-
quer le temps et les saisons,
les jours et les années.

Qu'ils luisent dans le firmament du ciel et qu'ils
éclairent la terre. Et cela se
fit ainsi.

Dieu fit donc deux grands
corps lumineux, l'un plus
grand pour présider au jour,
l'autre moindre pour présider à la nuit. Il fit aussi les
étoiles : ce fut le quatrième
jour.

Dieu dit encore : Que les
eaux produisent des ani-
maux vivants qui nagent
dans l'eau et des oiseaux
qui volent sur la terre, sous
le firmament du ciel. Dieu
créa donc les grands poissons et tous les animaux
qui ont la vie et le mouvement, que les eaux produisent chacun selon son es-
pèce, et il créa aussi tous les
oiseaux selon leur espèce :
ce fut le cinquième jour.

Dieu dit aussi : Que la terre produise des animaux
chacun selon son espèce; les
animaux domestiques, les

ATMOSPHÈRE.

Soleil, lune, étoiles.

Tant que l'atmosphère
n'était pas formée, que les
eaux flottaient dans l'espace, le soleil ne pouvait faire
sentir son influence à la
terre, il n'existait pas de
saisons.

Animaux apparaissant sur
le globe, chap. 5.

Soulèvement des monta-
gnes, chap. 6.

Tremblements de terre,
volcans, chap. 7.

Puits artésiens, leur ex-
plication, chap. 8.

Eaux marines et lacustres,
chap. 9.

TERRAINS.

Terrains fossilifères et anciens, chap. 10.

Terrains secondaires, ch.
11.

reptiles et les bêtes sauvages de la terre, selon leurs différentes espèces. Et cela se fit ainsi.

Dieu dit aussi : Faisons l'homme à notre image et à notre ressemblance, et qu'il commande aux poissons de la mer, aux oiseaux du ciel, aux bêtes, à toute la terre et à tous les reptiles qui se meuvent sur la terre.

Dieu créa l'homme à son image; il le créa à l'image de Dieu, et il le créa mâle et femelle : ce fut le sixième jour.

Sanctification du dimanche.

Terrains stratifiés, sans fossiles, terrains massifs d'épanchement, chap. 12.

Terrains pyrogènes, *id.*

Création de l'homme, chap. 13.

Après cet aperçu général, l'auteur s'est occupé, dans leur ensemble :

1º De la minéralogie, de l'organographie végétale ;

2º De l'ichthiologie, ou histoire naturelle des poissons ;

3º De l'ornithologie, ou histoire naturelle des oiseaux ;

4º De l'erpéthologie, ou histoire naturelle des reptiles ;

5º De la mammalogie, ou histoire naturelle des animaux ;

6º De quelques lois de la chimie ;

7º De quelques lois de la physique ;

8º Du Calendrier ;

9º De la chronologie ancienne.

DIEU

MANIFESTÉ PAR LES OEUVRES DE LA CRÉATION.

INTRODUCTION.

M. NÉRIS ET SES ÉLÈVES.

M. Néris. — Mes enfants, l'année commence ; venez, bénissons Dieu pour les biens qu'il nous a donnés, pour ceux que nous attendons encore de sa grâce, car nous ne pouvons rien sans lui, suprême ordonnateur de toutes choses !

Les saisons qui viennent en leur temps, les jours qui grandissent ou décroissent, le froid et la chaleur, les vents et la pluie, tout ce qui, autour de nous, porte la vie ou la mort, c'est Dieu qui le dispense ; les mers lui sont comme de grands bassins où sa main puise pour arroser nos campagnes. Par sa volonté, les nuages se gonflent, la pluie tombe, la terre de toutes parts est arrosée, et de même qu'il ordonna aux sources du ciel de s'ouvrir, de même il dit : que la lumière se répande en tous lieux et prête au sol la chaleur que les récoltes réclament.

Soudain autour du soleil des milliers de mondes roulèrent dans l'espace et formèrent cette harmonie céleste dont l'univers est le centre.

L'homme, fait à l'image de son Créateur, par son origine mérita des bontés infinies; mais sa désobéissance fut la juste punition de ses fautes. Pécheur en Adam, Dieu le racheta en Christ, et les trésors de sa munificence sont depuis lors restés ouverts pour lui : la nature est un livre où le nom de l'Eternel se trouve à chaque page. Soit que l'homme élève ou abaisse ses regards, soit qu'il examine la surface de la terre ou qu'il la sonde dans ses entrailles, partout il trouve la même richesse, le même principe, le même but : *Dieu commencement et fin.*

Mes enfants, vous qu'il m'a été donné d'aimer, de protéger et de conduire, que vos mains se lèvent avec les miennes pour louer Dieu dans ses œuvres ! Admirons-le dans les richesses de la création, et, pour sanctifier notre vie, consacrons-lui ensemble une des années qu'il nous dispense ;

apprendre à connaître le Seigneur, c'est apprendre à le servir !

Le maître se tut ; mais la réponse qu'il désirait ne se fit pas attendre, et, depuis ce moment, on l'eût pu voir louer avec ses élèves le nom du Très-Haut, qu'il cherchait chaque jour à mieux leur faire connaître pour leur apprendre à le mieux servir.

PREMIER ENTRETIEN.

Histoire primitive du globe.

Dès le matin, après le déjeuner, qui avait lieu pour la famille entre deux actions de grâce, M. Néris appela l'attention de ses enfants sur ce qui devait faire le sujet de leur premier entretien sérieux. Il établit son observatoire dans une salle dont les fenêtres donnaient au nord sur des montagnes, à l'est sur une plaine, au midi sur une étendue d'eau qui laissait voir au loin des bois touffus ; c'était là un panorama convenable au genre d'études que nous aurons à suivre pendant une année.

Lorsque chacun eut pris place autour d'une table ronde, le précepteur se recueillit

un moment, puis il prit la parole en ces termes : « Dieu créa les cieux et la terre au
commencement. » (*Genèse,* chapitre 1,
v. 1er.) Mes amis, dit-il, Moïse ne précise
aucune époque, il affirme seulement, sans
rien déterminer de fixe, que les cieux et la
terre furent créés dès le commencement.

GEORGES. — Par cette expression les
cieux et la terre, ne désigne-t-il pas deux
choses distinctes?

LE PRÉCEPTEUR. — Certainement, mais il
est probable que les cieux, pour lui, com-
prenaient l'univers entier, c'est-à-dire tout
ce qui est au-dessus de nous, ainsi que l'indique le mot hébreu *chamaïen*, que l'on traduit par *ciel*.

LOUISE. — Le second verset de la Genèse
ajoute : « La terre était sans forme et vide. »

LE PRÉCEPTEUR. — En effet, la géologie
nous apprend que notre globe, dont elle
est l'histoire naturelle, a subi plusieurs
transformations successives, à l'aide des-
quelles il nous est possible de suivre les
différents âges du monde. La terre n'a pas
toujours existé à l'état solide, longtemps elle
s'est promenée dans l'espace sous la forme
indécise d'une masse en fusion ; mais lors-

que Dieu lui imprima un mouvement régulier, lorsqu'elle dut tourner dans une orbite fixe pour y accomplir, chaque jour sur *elle-même*, un tour appelé *mouvement de rotation*, elle reçut une forme sphérique particulière aux corps fluides susceptibles de se solidifier. D'abord, notre globe n'eut à sa surface qu'une pellicule assez semblable à la coque d'un œuf, toutes proportions gardées ; la croûte solide, dont il se recouvrit successivement, ne dut se former qu'après des siècles, et encore des siècles. En hébreu, le mot *bara*, que l'on rend par *créer*, signifie que la chose reçoit une nouvelle vie par la volonté de Dieu. *Elle était*, elle *va être de nouveau*, mais son existence ne compte que du jour où le suprême ordonnateur lui dit : « Sois. »

Louise. — Que signifient ces paroles : « Les ténèbres étaient sur la surface de l'abîme, et l'esprit de Dieu se mouvait sur les eaux? » (*Genèse*, chap. vii, v. 2.)

Le Précepteur. — Que les parties dont se composaient la terre étaient dans un tel état d'effervescence, qu'elles revêtaient toutes les formes sans en affecter aucune. La nature était le creuset dont Dieu devait faire sortir un monde. Le mot *tohu bohu*, que l'on traduit par *chaos*, ne désigne pas d'autre état.

Louise. — Quel nom est assigné à ces périodes anciennes ?

Le Précepteur. — Elles constituent l'époque indéfinie qui précéda l'œuvre de la création, ou des six jours de l'Écriture.

Georges. — Par ce mot *jour*, les historiens et Moïse lui-même ne veulent-ils pas désigner des intervalles plus ou moins longs ?

Le Précepteur. — Les anciens emploient souvent cette tournure de phrase, appelée figure ou image, parce qu'elle met, pour ainsi dire, les situations en relief. Il est à croire que Moïse s'est servi du langage de ces temps, et que les six jours dont il parle sont six périodes diverses.

Ce qu'il y a d'important pour nous, c'est de savoir que la Bible et la géologie ne se contredisent en rien depuis le commencement de la création. L'une et l'autre reconnaissent que le monde n'a pas toujours été dans les mêmes conditions d'existence, mais qu'il y est successivement arrivé par une suite de transformations combinées sur un plan providentiel.

Le Précepteur. — Mes enfants, combien

cette pensée doit accroître à nos yeux la puissance divine ; Dieu créant à la fois l'univers et le monde, quel travail digne de lui, et que sommes-nous, comparés à cet œuvre immense ! Louons, bénissons donc le suprême dispensateur de toutes grâces, qui, dans son infinie bonté, daigne encore nous visiter ! Nous ne faisons pas un mouvement qu'il ne puisse arrêter. Nous n'avons pas une volonté qu'il ne puisse dominer, et dans sa petitesse combien de fois notre orgueil ne transgresse-t-il pas les lois qu'il nous a données ?

Oh ! mes enfants, pour être fidèles, songeons au bien que le Seigneur nous a fait, et apprenons à « tellement compter nos jours, que nous puissions avoir un cœur sage. » (*Ps.*, ch. xc, v. 12.)

— ❧ —

DEUXIÈME ENTRETIEN.

L'esprit de Dieu se mouvait sur les eaux.

M. Néris. — Il est écrit au 2ᵉ verset de la Genèse : « Les ténèbres étaient sur la surface de l'abîme, et l'esprit de Dieu se mouvait sur les eaux. » Cette situation des choses nous donne une idée de la confusion des éléments ou du chaos ; la terre et les eaux flottaient dans les ténèbres; « Dieu dit alors que la lumière soit, et la lumière fut. »

En effet, avant cette époque, aucun corps n'était formé, et pour les anciens les mots ciel et terre ne signifiaient pas autre chose que *matière répandue ;* de même aussi, ils traduisaient par matière sans énergie ces expressions genésiaques : « La terre était sans forme et vide. » Il est vrai que l'esprit de Dieu se mouvait sur les eaux, et je ne saurais trop insister sur cette expression, qui donne à la science une nouvelle autorité.

Quatre périodes principales paraissent avoir eu lieu dans l'ordre de la création. Dans la première, il faut comprendre les étoiles ; dans la seconde, les planètes dont la terre fait partie.

Louise. — Comment était donc notre globe avant d'avoir la forme que nous lui connaissons?

Le Précepteur. — Le soufre, le zinc et les autres métaux contenus à sa surface formaient avec elle une masse incandescente flottant dans l'immensité. Lorsque

Dieu, après avoir réuni en un seul corps ces molécules, dit : Que la lumière soit, « La lumière fut, et Dieu la sépara d'avec les ténèbres. »

Louise. — Qu'est-ce que les ténèbres proprement dites ?

Le Précepteur. — Des espaces qui ne sont pas susceptibles d'être éclairés.

Louise. — « Et Dieu nomma la lumière » jour, et les ténèbres nuit. » (*Genèse*, chap. v, v. 5.)

Georges. — Mais comment se forma l'atmosphère ?

Le Précepteur. — Lorsque les vapeurs répandues dans l'immensité eurent atteint la pesanteur de cent degrés, elles tombèrent en liquide sur la terre, et formèrent de grandes nappes d'eau qui entraînèrent tout sur leur passage. Dans la rapidité de leur course, elles enlevaient aux roches une quantité de matières pierreuses, dont se sont formés les terrains sédimentaires et les galets. Tout cela arriva lorsque Dieu dit : « Qu'il y ait une étendue entre les » eaux, et qu'elle sépare les eaux d'avec » les eaux. »

Louise. — Je ne comprends pas bien ; les eaux d'avec les eaux.

Le Précepteur. — C'est facile, cependant ; les vapeurs de la terre forment des nuages dans le ciel, et les nuages, à leur tour, ne sont que des mers moins denses, c'est-à-dire moins serrées que celles de la terre.

Louise. — Quel nom Dieu donna-t-il à l'étendue ?

Le Précepteur. — Il la nomma cieux. Puis il dit : « Que les eaux qui sont au-des-
» sous des cieux soient rassemblées en un
» lieu, et que le sec paraisse.

» Et Dieu nomma le sec, terre. Il nomma
» aussi l'amas des eaux, mers.

» Puis Dieu dit :

» Que la terre pousse son jet, savoir,
» de l'herbe portant semence, et des arbres
» fruitiers portant des fruits selon leur es-
» pèce, qui aient leurs semences en eux-
» mêmes sur la terre. » (*Genèse*, ch. 1er.)

Georges. — Et cela arriva comme Dieu l'avait ordonné ?

Le Précepteur. — Quelle puissance tenterait de lui résister ? Il commande, les éléments obéissent ; les torrents débordés rentrent dans leurs lits. Tout parle de sa grandeur, depuis la voix gémissante des mers jusqu'au passereau qui dit son hymne de grâce. Oh! que l'homme, pour qui tant de merveilles ont été faites, loue aussi ce Dieu plein de miséricorde, dont l'œil veille sur lui avec amour! Pour nous, mes enfants, qui n'avons qu'un cœur et qu'une ame, glorifions-le dans nos joies, dans nos tristesses, le matin, le soir, et demandons-lui de rester toujours fidèles à sa loi sainte.

TROISIÈME ENTRETIEN.

La lumière.

M. Néris. — Il doit vous paraître étonnant, mes enfants, de n'avoir pas encore entendu parler de la lumière, quand déjà les végétaux croissent?

Georges. — Le jour n'est-il pas la même chose que la lumière, la nuit la même chose que les ténèbres?

Le Précepteur. — La question me prouve que tu prêtes attention à ce que je dis, et cela m'encourage. Un auteur, en qui j'ai toute confiance, parce qu'il s'appuie sur le texte sacré, Buckland, s'exprime ainsi à cet égard : « Ce que l'on dit dans les quatorzième et quatrième versets des luminaires célestes, paraît avoir trait seulement à leurs rapports avec notre planète, et plus spécialement encore avec l'espèce humaine, qui allait **y** prendre place. Nulle part il n'est dit que la substance même du soleil et de la lune ait été appelée à exister pour la première fois le quatrième jour. Le texte peut également signifier que ces corps célestes furent, à cette époque, spécialement adaptés à certaines fonctions d'une grande importance pour l'espèce humaine. A verser la lumière sur le globe, à régner sur le jour et sur la nuit, à faire les mois et les saisons, les années et les jours. »

Georges. — Mais, si la lumière existait dès le commencement, pourquoi la terre était-elle dans les ténèbres?

Le Précepteur. — Parce que les vapeurs répandues dans l'espace formaient comme un nuage impénétrable entre elle et le ciel. Lorsque ces vapeurs furent condensées ou réunies, leur poids les fit tomber en eaux abondantes, les courants d'air s'établirent, la température s'éleva, et le ciel fut visible à travers la transparence de l'atmosphère.

Louise. — Qu'est-ce que l'atmosphère?

Le Précepteur. — Une masse d'air qui environne la terre. J'aurai à vous en parler plus tard avec détails ; suivons maintenant le Créateur dans son œuvre sublime.

Georges. — Ainsi le soleil, la lune et les autres corps célestes existaient comme la terre, dès le commencement?

Le Précepteur. — Sans doute ; mais comme ils n'étaient pas visibles pour elle, par la même raison elle ne l'était pas pour eux.

Louise. — Ainsi les ténèbres ne devaient avoir qu'un temps?

Le Précepteur. — La densité ou l'épaisseur des vapeurs les avait seules produites ; dès le premier jour ces vapeurs commencèrent à se dissiper, et la lumière put pénétrer jusqu'à la surface de la terre sans que les astres fussent distincts. Je pose pour cela un exemple. Nous avons tous vu le soleil, la lune, les étoiles. Cependant il s'interpose souvent entre ces corps et nous un brouillard si épais que nous ne les distinguons plus, quelques efforts que nous fassions d'ailleurs pour les voir, et la lumière nous arrive alors tout-à-fait terne. Au contraire, quand l'atmosphère est bien pure, le ciel se colore d'une teinte bleue, nous voyons les étoiles, le soleil nous verse toute sa chaleur, il semble qu'une nouvelle vie nous soit donnée ; ce n'est là cependant qu'un phénomène de température.

Georges. — Qu'est-ce donc que la lumière en elle-même ?

Le Précepteur. — Une substance infiniment élastique répandue dans l'immensité. C'est ce qu'on nomme éther, *ou voûte éthérée*. Non-seulement l'infini, mais encore tous les corps sont remplis de cette substance, et, des ondulations qu'elle produit, résulte la lumière. Si l'éther reste en repos, il y a obscurité complète ; si, au contraire, il est en état de vibration, la sensation de la lumière existe.

Georges. — Comment se fait sentir cette sensation ?

Le Précepteur. — Par l'action du soleil, de l'électricité ou de la combustion. Gaz d'une finesse et d'une subtilité extrêmes, la lumière est partout, mais elle ne luit que lorsqu'une cause quelconque vient l'agiter. Par exemple le caillou contient de la lumière, cependant il ne la produit que lorsqu'il y a frottement ou choc; c'est ainsi que la pierre à fusil fait feu au briquet.

La lumière est une substance composée dont l'ensemble est blanc, mais qui, par l'analyse, donne les sept couleurs de l'arc-en-ciel, appelées couleurs prismatiques ou naturelles. Ainsi, sans la lumière, les merveilles qui nous ravissent resteraient à jamais plongées dans les ténèbres.

Que bénit soit donc le Créateur de toutes choses, qui nous a donné au quatrième jour le plus grand des bienfaits, la vue de son Univers.

QUATRIÈME ENTRETIEN.

Sur les végétaux primitifs.

M. Néris. — Vous avez vu, mes amis, qu'au quatrième jour Dieu mit en ébranlement le fluide gazeux répandu dans l'espace pour produire la lumière. Voici comment la Genèse s'exprime à cet égard :

« Dieu dit : Qu'il y ait des luminaires
» dans l'étendue des cieux, pour séparer
» la nuit d'avec le jour, et qui servent de
» signes, et pour les saisons, et pour les
» jours, et pour les années.

» Et qui soient pour luminaires dans l'é-
» tendue des cieux, afin de luire sur la
» terre ; et ainsi fut.

» Dieu donc fit deux grands luminaires :
» le plus grand luminaire, pour dominer
» sur le jour, et le moindre pour dominer
» sur la nuit ; il fit aussi les étoiles.

» Et Dieu les mit dans l'étendue des cieux
» pour luire sur la terre ;

» Et pour dominer sur le jour et sur la
» nuit, et pour séparer la lumière d'avec les
» ténèbres ; et Dieu vit que cela était bon.

» Ainsi fut le soir, ainsi fut le matin ; ce
» fut le quatrième jour. » (*Genèse*, chap. 1er,
v. 14, 15, 16, 17, 18, 19.)

Dès que les phénomènes atmosphériques
furent produits, la création animale commença, et Dieu dit encore : « Que les eaux
» produisent de tout en abondance, des ani-
» maux qui se meuvent et qui aient vie,
» et que les oiseaux volent sur la terre vers
» l'étendue des cieux.

» Dieu créa donc les grands poissons et
» tous les animaux qui se meuvent, et que
» les eaux produisent en toute abondance
» selon leur espèce, et tout oiseau ayant
» des ailes selon son espèce.

» Et Dieu les bénit disant : croissez et
» multipliez. Ce fut le cinquième jour. »
(*Genèse*, chap. v, v. 20, 21, 22, 23.)

Dans cet ordre successif de la création,
la sagesse infinie se montre sans cesse ; d'a-
bord ce sont les végétaux qui croissent, puis
les animaux.

Louise. — La végétation d'alors ressem-
blait-elle à celle de nos jours?

Le Précepteur. — En aucune façon : la
température étant très-élevée et la croûte
du globe très-légère, tout germe déposé dans
la terre s'y développait avec une étonnante
rapidité et acquérait des proportions gigantesque, dont nous n'aurions qu'une idée
imparfaite, si la houille ou charbon de terre
ne nous donnait à cet égard des notions
exactes.

Georges. — Comment le charbon peut-
il apprendre quelque chose de la végétation d'alors?

Le Précepteur. — Non-seulement les

premiers végétaux qui apparurent sur le globe étaient gigantesques, mais ils étaient abondants même au sein des mers.

Par les fréquents accidents diluviens, les forêts primitives furent entraînées dans de vastes bassins et y formèrent le riche minerai connu sous le nom de houille.

Louise. — Ces végétaux vivaient-ils longtemps?

Le Précepteur. — Sous une température aussi élevée, sous une pression aussi forte, la mort devait toucher de près à la vie, et grand nombre de plantes disparurent sans se reproduire jamais.

Georges. — Dieu créa donc d'abord le feu et l'eau, puis les végétaux, et enfin les animaux?

Le Précepteur. — A leur apparition sur le globe, ces derniers trouvèrent la nourriture qui leur avait été abondamment préparée. Ordre admirable, ordre parfait, développement digne de la suprême intelligence qui fait tout venir en son lieu, et pour qui mille ans sont comme un jour. Oh! mes enfants, en apprenant à connaître les choses qui élèvent l'ame, soyez, par la pensée, plus près de votre père céleste qui vous a mieux donné qu'aux oiseaux des airs et qu'au lis de la vallée ! Bénissez et priez pour qu'aujourd'hui vaille mieux qu'hier, et demain mieux qu'aujourd'hui.

Le bonheur ne consiste point dans les richesses de ce monde, mais dans les œuvres que l'on fait pour se préparer une place dans l'autre ; travaillons donc tous ensemble pour l'Éternité.

— ❊ —

CINQUIÈME ENTRETIEN.

Premiers animaux apparus sur le globe.

GEORGES. — Il est dit dans la Genèse que Dieu créa d'abord les grands poissons, tous les animaux qui se meuvent dans les eaux et les oiseaux ; ce furent donc là les premiers êtres vivants ?

LE PRÉCEPTEUR. — Oui, et il est facile de suivre, sur l'échelle des êtres, le développement progressif que s'est proposé le Créateur, pour arriver jusqu'à l'homme. Et remarquez que Dieu ne s'est point occupé des variétés particulières, mais de l'ensemble général, disant : « Croissez et multipliez. »

Il a présidé aux grandes formations, il a permis aux genres de se produire. De même quand il plaça l'homme sur la terre, il ne s'occupa point des différences de couleur qui devaient résulter en lui des différences de climats, il s'occupa *de l'homme en général.*

Georges. — Que fit-il pour les diverses classifications ?

Le Précepteur. — Il est écrit au premier chapitre de la Genèse. Dieu dit : « Que la » terre produise des animaux vivants selon » leur espèce : les animaux domestiques, » les reptiles et les bêtes de la terre, selon » leur espèce : Dieu donc fit les bêtes de la » terre, selon leur espèce. »

Georges. — Après les grands poissons, quels êtres vivants se montrèrent ?

Le Précepteur. — Les reptiles et les amphibies paraissent avoir servi d'anneau à la chaîne animale des quatre grandes époques géologiques constatées par la science.

Louise. — Quelles sont ces époques ?

Le Précepteur. — La première comprend la formation des mondes répandus dans l'espace, ou le règne minéral.

La seconde comprend l'apparition des végétaux, ou le règne végétal.

La troisième comprend la zoologie, ou histoire naturelle des animaux.

La quatrième, enfin, comprend l'homme, être intelligent au-dessus de toutes les intelligences, que Dieu créa à son image et qu'il établit dominateur « sur les poissons » de la mer, sur les oiseaux des cieux, sur les » animaux domestiques, et sur toute la terre, » et sur tout reptile qui rampe sur la terre.

» Dieu donc créa l'homme à son image; » il le créa à l'image de Dieu : il le créa » mâle et femelle. » (*Genèse,* chapitre 1er, v. 26 et 27.)

Ici les faits prouvent que Dieu s'occupa de l'homme longtemps avant de l'avoir établi dominateur sur l'univers qu'il lui soumettait.

Georges. — Les poissons nous fournissent-ils une nourriture abondante ?

Le Précepteur. — Par leur présence au sein des ondes, ils les débarrassent de tous les corps étrangers qui tendraient à les corrompre; à leur tour, par leur passage dans les airs, les oiseaux détruisent ces myriades d'insectes qui les rendraient insalubres. Enfin, par leur échange continuel de gaz, les végétaux et les animaux se prêtent une force mutuelle que l'homme s'approprie et qui lui devient une source de jouissances infinies. Est-il loin de la mer? Dieu a répandu pour lui, dans les terrains de grès rouges, des couches de sel marin utile à sa subsistance. Veut-il se livrer à ses penchants pour l'industrie ? Qu'il creuse au sein de cette terre dont la surface accidentée lui offre tant de merveilles, il y trouvera des richesses inépuisables, déposées depuis des siècles dans des magasins où elles ne s'altèrent point. Le charbon lui donne les moyens de forger le fer ; le fer l'aide à dompter le feu et l'eau, éléments primitifs d'où toutes richesses et toutes perturbations sont sorties.

Georges. — Dieu, à ce que je vois, n'eut qu'un but unique dans la création : le bonheur de l'homme et l'harmonie des mondes.

Le Précepteur. — Les mêmes lois semblent, en effet, avoir présidé à la même pensée ; mais si l'homme a été établi dominateur entre toutes les créatures vivantes, Dieu, à son tour, le domine lui et les mondes : il est l'Éternel !

Georges. — Ainsi, les corps célestes sont comme de la même famille ?

Le Précepteur. — La même substance les compose en effet, et il fut un temps où ils flottaient sans forme dans le vide. Peu à peu la matière qui les produit se condensa sur plusieurs points, et ils passèrent à l'état solide.

Georges. — Comment s'opéra cette métamorphose ?

Le Précepteur. — Par le mouvement rapide qui leur fut imprimé, et par la température basse qui les environnait.

Louise. — Ces corps ont-ils la forme sphérique ?

Le Précepteur. — Toute masse fluide la revêt en tournant dans le vide.

Georges. — Notre globe a donc été entièrement à l'état de fusion ?

Le Précepteur. — Sans nul doute, et vous comprenez qu'aucun être organisé n'aurait pu y vivre alors, ni même lorsque sa croûte déjà formée servait d'enveloppe à une masse incandescente.

Louise. — Quel nom donne-t-on à cette formation des corps célestes ?

Le Précepteur. — On l'appelle *cosmogonie*.

Louise. — Eh quoi ! tant de choses pour un être aussi petit que l'homme !

Le Précepteur. — Cela prouve qu'il est appelé à de grandes faveurs , et que son passage sur cette terre ne peut être que pour un temps. Laissé libre de sa conscience , il porte tout le poids de sa destinée ; mais le jour arrivera où il sera rétribué selon ses œuvres. Car *Dieu viendra juger les vivants et les morts.*

Louise. — Que devons-nous faire pour mériter les dons de sa miséricorde?

Le Précepteur. — Le servir et acquérir ainsi le royaume du ciel pour y être assis à sa droite.

Louise. — Oh ! puissions-nous obtenir ces biens , et puisse notre sainteté nous placer parmi les justes !

Le Précepteur. — Pour cela , mes enfants, écoutez la voix de votre conscience ; faites votre devoir avec intégrité, et souvenez-vous que celui qui cherche à plaire aux hommes n'est point serviteur de Christ.

SIXIÈME ENTRETIEN.

Géogénie ou théorie de la terre — Soulèvement des
montagnes.

LE PRÉCEPTEUR. — Nous avons vu comment la terre, lancée dans l'espace, y prit la forme sphérique ; c'était là le premier mot de sa naissance : il nous reste maintenant à interroger sa vie tout entière, à sonder ses entrailles , à la faire parler avant que de la faire mouvoir.

Il est difficile de préciser l'âge de la terre : la géologie fait remonter son origine à une époque très-reculée ; mais cette science est d'accord avec la Genèse quant à l'apparition de l'homme et quant au déluge général.

GEORGES. — Il dut, à cette époque , se produire sur le globe bien des phénomènes étranges ?

LE PRÉCEPTEUR. — Tant qu'il fut à l'état d'ignition ou de fer rouge à sa surface, les accidents se succédèrent avec une excessive rapidité. Longtemps deux camps de savants se disputèrent la théorie de la terre : les uns, dits Neptuniens, prétendaient qu'elle avait été fluide par dissolution ; les autres, dits Plutoniens, soutenaient avec raison que c'était par fusion. En effet, d'une part, l'eau n'embrasse que la cinquième partie de la terre; d'autre part, il y a des roches qui ne peuvent être dissoutes. Si notre globe s'est refroidi à sa surface, la rapidité de son mouvement diurne a dû causer ce phénomène. Cordier a démontré la théorie de la chaleur centrale par des faits nombreux, et le monde repose sur ce principe que le centre de la terre, appelé plus ordinairement noyau, est à l'état fluide incandescent.

GEORGES. — Comment peut-on se convaincre de ce fait?

LE PRÉCEPTEUR. — Par l'augmentation de chaleur qu'on trouve en allant de la surface au centre, et qui est d'un degré par vingt-sept mètres.

LOUISE. — Mais cette chaleur doit devenir de plus en plus insupportable?

LE PRÉCEPTEUR. — L'homme n'a jamais poussé ses fouilles au-delà de deux mille cinq cents pieds, ce qui suppose une augmentation de trente degrés; mais il sait qu'à douze ou quinze cents degrés il arriverait à une température capable de fondre les roches les plus réfractaires.

GEORGES. — Combien la croûte du globe a-t-elle acquis d'épaisseur depuis son origine ?

LE PRÉCEPTEUR. — De vingt à vingt-cinq lieues.

LOUISE. — Et combien compte-t-on de la circonférence au centre ?

LE PRÉCEPTEUR. — Quinze cents lieues. Je dois dire que plus il se dégage de gaz, et plus la terre tend à se refroidir.

GEORGES. — Ainsi la croûte qui lui sert de coquille acquiert toujours une nouvelle épaisseur ?

LE PRÉCEPTEUR. — Comme toutes les masses pesantes, la terre se refroidit très-lentement, bien que son mouvement soit de sept lieues à la minute. On sait, par exemple, qu'en raison de son poids, un boulet garde longtemps sa chaleur ; qu'est-ce cependant que le volume d'un boulet comparé au volume de la terre ?

GEORGES. — Quelle fut la cause des premiers phénomènes de perturbation du globe ?

LE PRÉCEPTEUR. — Au moment où notre

planète, lancée dans l'espace, acquit une enveloppe solide, les gaz qui s'échappaient du sein des matières en fusion plissaient cette enveloppe, sous laquelle ils étaient retenus, et faisaient effort jusqu'à la rompre; ce fut l'origine des premiers volcans.

GEORGES.—Les soulèvements de la croûte du globe n'ont-ils pas produit les montagnes?

LE PRÉCEPTEUR. — Tant que les gaz comprimés rencontraient une force de résistance, ils soulevaient la masse qui s'opposait à leurs efforts et allaient ainsi de cavités en cavités, jusqu'à ce que, trouvant une issue, ils sortaient avec impétuosité du sein de la terre. Ces cavités intérieures forment nos montagnes; nous connaissons leur ancienneté par leur degré d'élévation.

LOUISE. — Comment cela?

LE PRÉCEPTEUR.—Moins l'enveloppe de la terre était épaisse, moins les gaz avaient de peine à la plisser, moins aussi les montagnes étaient élevées.

GEORGES. — Ainsi nos pics les plus hauts sont le résultat de volcans récents?

LE PRÉCEPTEUR.—Ils supposent au moins une grande antiquité à la terre, puisqu'ils

lui donnent une épaisseur plus considérable.

Louise. — Pourquoi les montagnes ont-
elles toutes la forme conique ?

Le Précepteur. — C'est un signe certain qu'elles ont été à l'état liquide.

Georges. — Y a-t-il entre elles aucun
ordre ?

Le Précepteur. — Cuvier dit : « Les
grandes chaînes de montagnes observent
entre elles une succession égale. Le granit
qui dépasse tout, est aussi la pierre qui
s'enfonce sous toutes les autres ; soit qu'elle
doive son origine à un liquide général, qui,
auparavant, aurait tout tenu en dissolution,
soit qu'elle ait été la première fixée par le
refroidissement d'une grande masse en fusion ou même en évaporation. Des roches
feuilletées s'appuient sur ses flancs, et
forment les arêtes latérales de ces grandes
chaînes. »

Georges. — Les soulèvements de montagnes ont-ils eu lieu à toutes les époques?

Le Précepteur. — M. de Humboldt en
a remarqué un au Mexique, et une baie,
dans l'Inde, fut si spontanément changée

en promontoire, que les habitants ne surent le changement que lorsqu'il fut accompli. Les géologues reconnaissent quinze sortes de soulèvements affectant des directions différentes quant aux époques, mais semblables quand ils s'accomplissent en même temps. Par cette disposition des soulèvements, on reconnaît la contemporanéité des montagnes parallèles entre elles. C'est ainsi qu'on croit que le mont Ventoux est de l'âge des Pyrénées.

Louise. — A mesure que la surface du globe s'est épaissie, les soulèvements de montagnes ne sont-ils pas devenus plus dangereux ?

Le Précepteur. — La force de compression étant plus considérable, les gaz se sont frayés à l'intérieur des issues dans d'autres cavités, ayant conservé une tension d'autant plus forte, qu'elle est exaltée par l'élévation de la chaleur.

Georges. — Et qu'en résulte-t-il ?

Le Précepteur. — Lorsque l'excès de la chaleur fait briser aux gaz les parois qui les retiennent, des tremblements de terre se font sentir, des volcans s'ouvrent.

Louise. — Tout cela est immense.

Le Précepteur. — Tout cela parle de Dieu. « Les cieux racontent sa gloire et » l'étendue donne à connaître l'ouvrage de » ses mains. Un jour parle à un autre jour, » et une nuit enseigne une autre nuit. » (*Ps.*, ch. xix, v. 2 et 3.) Ne tirons donc jamais vanité de nos œuvres, quelle que soit leur importance, mais louons le chef céleste qui nous a dotés de tant de biens, et rapportons-lui toutes choses comme au souverain dispensateur des gratuités infinies qui nous sont accordées. A Dieu la force et la puissance, à nous la prière et l'action de grâce. N'oublions pas le père qui n'oublie jamais ses enfants.

SEPTIÈME ENTRETIEN.

Tremblements de terre — Volcans.

Louise. — Peut-on préciser l'approche d'un tremblement de terre ?

Le Précepteur. — Oui, car alors les sources tarissent, et les animaux terriers sont effrayés.

Georges. — Pourquoi les animaux plutôt que les hommes ?

Le Précepteur. — Parce qu'ils ont l'o-reille assez près du sol pour entendre le sourd murmure intérieur qui échappe aux sens de l'homme.

Louise. — Le retentissement d'un tremblement de terre se fait-il sentir loin du point où il a lieu?

Le Précepteur. — Sans doute, le bruit se produisant dans le sens des couches qui forment le tissu du globe. Supposez un tronc d'arbre très-long scié par le milieu, la sensation des coups de scie se fera bien plus sentir aux extrémités qu'au point même sur lequel agit l'instrument, parce qu'en étendue cette sensation suit les fibres du bois dans leur ordre naturel.

Louise. — Ainsi, la terre est fibreuse aussi?

Le Précepteur. — Tous les terrains sont disposés par couches, comme nous le verrons plus tard.

Georges. — Pour apprécier un tremblement de terre, quels moyens met-on en usage?

Le Précepteur. — On se sert d'un petit godet rempli de mercure, appelé sexamè-tre, à cause de ses six ouvertures, et qui tend à verser toujours du côté où le mouvement se produit.

Georges. — Quand les tremblements de terre ont eu lieu, quel signe a-t-on de leur passage?

Le Précepteur. — Ils produisent des accidents de terrains que les mineurs désignent sous le nom de *failles*; ce sont des déplacements de couches formant comme des escaliers d'un même minerai.

Georges. — La terre est-elle habitable partout?

Le Précepteur. — Un cinquième de sa surface paraît seul convenir à l'homme, et le savant anglais Buckland pense : « Que les quatre autres cinquièmes, bien que soustraits à sa domination, fourmillent d'êtres animés qui jouissent de la plénitude de leur existence, sans être passibles d'aucune redevance. »

Louise. — Les tremblements de terre donnent-ils toujours naissance à des volcans?

Le Précepteur. — Pas toujours, mais assez souvent.

Georges.— Ces phénomènes ont-ils, avec la même cause, les mêmes effets?

Le Précepteur. — Non, et l'on reconnaît sept ordres de volcans.

Louise.—Qu'est-ce d'abord qu'un volcan?

Le Précepteur. — Une réunion de matières que, de l'intérieur, le globe rejette à sa surface. Le soufre, le bitume, les eaux thermales sont autant de productions volcaniques.

Georges —Mais les eaux thermales coulent sans cesse, et il en est autant de froides que de chaudes?

Le Précepteur. — Les unes témoignent de l'état intérieur du globe, et sont comme autant de cheminées par lesquelles se dégage la chaleur centrale; les autres, par les sels dont elles sont chargées, témoignent de sa composition, et toutes ensemble sont des voies de déjection sans lesquelles les phénomènes de perturbation se reproduiraient plus souvent à la surface du globe.

Mais si la terre rejette de son immense chaudière certaines substances qui l'embarrassent, à son tour notre sol lui renvoie une quantité considérable de liquides aqueux qui, de couche en couche et de filon en filon, finissent par atteindre à des profondeurs inouïes.

Louise. — N'est-ce pas ce qui a conduit à la découverte des puits artésiens?

Le Précepteur. — Précisément; et je me réserve de vous en parler dans un prochain entretien.

Georges. — J'aimerais à savoir de quelle nature sont les sept différentes variétés de volcans qu'on a reconnues.

Le Précepteur. — Il y a d'abord des volcans de boue qui ne jettent ni laves ni flammes, mais d'abondantes vases dont certains terrains sont couverts.

2° Les volcans de laves ou scories de matières en ébullition.

3° Les volcans de bitume. d'asphalte, de pétrole, etc.

4° Les volcans de feu, qui jettent des flammes pures.

5° Les volcans de soufre ou de gaz.

6° Les volcans d'eaux thermales avec dégagement de gaz.

7° Les volcans d'air, contenant de l'azote, du carbone, de l'hydrogène ou de l'oxygène.

Ces bouleversements de la croute du globe tiennent à des moments de crise ; les dicks, ou cheminées volcaniques, sont comme autant d'organes à l'aide desquels la masse fluide se débarrasse de son trop-plein.

Le Vésuve s'est réposé 1,500 ans avant sa dernière éruption, dont la violence fut extrême.

Georges. — Est-ce qu'on connaît bien les différentes matières rejetées par les volcans?

Le Précepteur. — L'analyse les a toutes classées, et il est reconnu que les grands laboratoires volcaniques contiennent des substances semblables à celles dont se compose la croûte solide de la terre.

Louise. — Qu'est-ce qu'un cratère?

Le Précepteur. — Une sorte de cavité sur laquelle les matières retombent après avoir été vomies, et dont les volcans d'eau, d'air ou de feu n'ont que faire.

Louise. — Ainsi les volcans n'ont pas tous des cratères?

Le Précepteur. — Aucun n'en a dès le principe, et ceux qui rejettent des matières solides ne sont entourés d'un cratère que lorsque ces matières se sont accumulées en retombant sur elles-mêmes.

Georges. — Les laves coulent-elles abondamment?

Le Précepteur.— En sortant de la fournaise elles jaillissent avec force et sont couleur de feu ; mais bientôt elles brunissent, et acquièrent une telle consistance qu'elles s'écoulent lentement comme une résine épaisse et forment dans leur marche des nodosités nombreuses.

Louise. — Leur réfroidissement est-il lent ?

Le Précepteur. — Il est prompt à l'extérieur, mais à l'intérieur on a vu des laves conserver leur chaleur pendant vingt ans, quoiqu'il eût poussé du lichen à la surface. Cela peut nous conduire à juger du refroidissement de la terre et de la puissance de chaleur qu'elle conserve intérieurement.

Georges. — Les volcans d'eau sont-ils uniquement formés par des infiltrations venant de la surface de la terre?

Le Précepteur. — La compression des eaux sur les gaz intérieurs en produit un grand nombre. Sous la mer il y a plusieurs issues par où l'eau s'infiltre, et c'est de la décomposition de ces eaux que résultent les combinaisons de gaz azote, de carbone, etc., etc.

Cet effet d'infiltration a fait remarquer que les phénomènes volcaniques se produisent ordinairement dans le voisinage des mers; en effet, les plus éloignés n'en sont pas à soixante lieues, et si des traces de volcans se remarquent dans certains pays placés loin des fleuves ou des mers, c'est qu'à des époques reculées ils ont été arrosés par des nappes d'eau qui ont été déplacées ou qui ont disparu dans les entrailles de la terre.

GEORGES. — Ainsi, les localités arrosées sont plus sujettes aux tremblements de terre?

LE PRÉCEPTEUR. — En général les tremblements de terre ne sont que des volcans avortés.

GEORGES. — Que le seigneur garde nos âges et notre pays de semblables épreuves!

LE PRÉCEPTEUR. — Ces cratères d'où sortent tant de matières diverses, nous sont des sources de richesses. Vous ne voyez que le danger; regardez aux biens qu'ils procurent, et vous bénirez! Le soufre et le bitume répandus dans le commerce y sont d'une utilité populaire; il n'est pas un de nos ménages qui ne leur paie un tribut journalier.

Gloire à Dieu, mes amis, pour ce que vous comprenez de ses œuvres ; gloire encore pour ce que vous ne comprenez pas ! « Qu'il vous envoie du secours de son saint » lieu, et que de la montagne de Sion il soit » votre défenseur. »

— ❧ —

HUITIÈME ENTRETIEN.

Puits artésiens.

M. Néris. — Les puits artésiens devant être considérés comme des volcans artificiels, je crois devoir placer ici leur histoire, et je vais en faire le sujet de cet entretien.

Louise. — Ces puits sont-ils fort anciens?

Le Précepteur.— Tout porte à le croire, et les Chinois, dont la civilisation remonte aux temps les plus reculés, en ont fait usage bien des siècles avant nous.

Georges. — L'ascension de cette eau est en effet fort surprenante.

Le Précepteur.—Nous avons parlé, dans notre dernier entretien, de l'infiltration des eaux, les puits artésiens sont le résultat de grands lacs souterrains formés par ces mêmes infiltrations: la patience de l'homme consiste à fouiller jusque dans les entrailles de la terre pour donner une marche asce.— dante à ces eaux.

Louise.—Quand on commence à creuser, sait-on s'il y a de l'eau sous terre?

Le Précepteur. — Oui, et la trouver n'est qu'une question de temps, car on est sûr de réussir, tôt ou tard.

Georges. —Comment, étant si bas, cette eau peut-elle atteindre ou même dépasser le niveau de la terre?

Le Précepteur.—Quand elle le dépasse, c'est qu'elle est partie d'un point plus élevé que celui où on lui a ouvert une issue. Si nous plaçons un liquide quelconque dans un tube arrondi, ce liquide s'élèvera à la même hauteur de chaque côté. Le trou d'un puits artésien est semblable à l'une de ces extrémités, la source qui l'alimente est l'autre branche.

Georges. — D'où part la source des puits artésiens?

Le Précepteur. — Quelquefois d'une haute montagne.

Georges. — J'ai entendu dire que la sonde du puits de Grenelle avait traversé des couches imperméables pour arriver à ı eau. Est-il possible de penser, d'après cela, qu'elle ait fait jaillir une source venant de la terre?

Le Précepteur. — Représentez-vous le bassin de Paris comme une grande cuvette dont le fond est composé d'une couche d'argile imperméable : au-dessus se trouvent des sables verts très-perméables, encore recouverts par une couche d'argile ; vient ensuite un énorme banc de craie et de pierre calcaire d'une épaisseur parfois de douze à quatorze cents pieds ; enfin arrivent, jusqu'à la terre végétale, les terrains appelés tertiaires : l'eau, partie d'un point élevé, tend à se faire jour pour arriver au fond de la cuvette ; les différentes couches dont je viens de parler s'étendent au loin, mais, au lieu d'avoir la même épaisseur, elles se relèvent en feuillets minces sur les bords de la cuvette, et les couches inférieures se trouvent alors si près de la surface, que les sables verts sont très-souvent au niveau du sol. Les eaux pluviales, celles qui proviennent de la fonte des neiges ou de sources naturelles, s'infiltrent dans les sables et coulent ainsi entre deux couches d'argile jusqu'aux parties les plus inférieures, sous une forte pression. Arrivées là, ces eaux s'arrêtent et forment de grands lacs stagnants, jusqu'au jour où une issue leur est offerte. Que l'industrie, par ses moyens ingénieux, vienne à leur secours, qu'un siphon soit établi, et l'eau, tendant à reprendre son niveau, jaillira avec force jusqu'à une hauteur égale au point où se trouve sa source.

LOUISE. — Quelle profondeur a le puits artésien de la plaine de Grenelle?

LE PRÉCEPTEUR. — Cinq cent trente-sept mètres, ou seize cent onze pieds.

GEORGES. — On s'étonne et on admire, quand on pense à ce qu'il a fallu de patience, de courage et de talent pour venir à bout d'une telle entreprise.

LOUISE — Le nom d'un homme doit être immortalisé par une œuvre semblable.

LE PRÉCEPTEUR. — M. Mulot mérite en effet l'immortalité pour son puits de Grenelle.

GEORGES. — La chaleur de l'eau intérieure est-elle très-forte?

LE PRÉCEPTEUR. — A mesure qu'on creusait plus profondément le puits de Grenelle, elle augmentait d'un degré par trente-deux mètres. Le fond du bassin se trouve à cinq cent seize mètres au-dessous du niveau de la mer, et il est certainement de beaucoup au-dessous de sa partie la plus basse.

GEORGES. — Pourquoi appelle-t-on ces puits : artésiens ?

LE PRÉCEPTEUR. — Parce que la coutume s'en est établie d'abord en Artois.

LOUISE. — Comment les creuse-t-on ?

LE PRÉCEPTEUR. — Au moyen d'une tige de sondage. Celle du puits de Grenelle avait fini par dépasser cinq fois en hauteur la flèche de l'hôtel des Invalides. Pendant sept ans le travail a été continué avec constance, malgré les obstacles qui suivent pas à pas une entreprise aussi longue.

LOUISE. — N'est-il pas à craindre que ce trou ne finisse par être bouché?

LE PRÉCEPTEUR. — Dans son étendue, il est garni d'un tube de métal qui empêche tout accident. Ce puits a commencé à jaillir le 27 février 1841.

LOUISE. — Quelle quantité d'eau peut-il donner par jour?

LE PRÉCEPTEUR. — Plus de quatre millions de litres en vingt-quatre heures. Sa température est de vingt-huit degrés centigrades, ou un peu moins que la chaleur des bains ordinaires.

Georges. — Ici le pouvoir de l'industrie a été merveilleux.

Le Précepteur. — Mon enfant, « la sa-
» gesse de l'homme luit sur son visage, et
» le Tout-Puissant le change comme il lui
» plaît.

» Pour moi, j'observe la bouche du Roi
» et les préceptes que Dieu a donnés avec
» serment. » (*Ecclésiaste*, ch. viii, v. 1 et 2.)

Et si vous admirez, chers amis, l'indus-
trie qui donne une source de richesses à notre Paris, si fier d'être la première ville du monde, que rendrez-vous au Roi des rois, immortel, invisible, qui a fait toutes choses par sa seule volonté? Méditez sur sa grandeur et combattez en vous l'orgueil, cet ennemi de la vraie charité. Jésus-Christ, modèle d'humilité, de patience et de bonté, est venu pour justifier le Père et pour nous apprendre à dominer notre orgueil si nous aspirons aux biens éternels.

NEUVIÈME ENTRETIEN.

Eaux.

Le Précepteur. — Les volcans m'ont amené à vous parler des puits artésiens ; les puits artésiens, à leur tour, m'amènent à vous parler des eaux répandues sur la terre.

Georges. — Et d'abord , comment ces eaux se sont-elles formé des lits? Est-ce par l'abaissement de la partie terrestre qui les portait, ou par le soulèvement de la croûte du globe?

Le Précepteur. — Les roches cristallines supposées ignées ou formées par le feu, sont dues à un soulèvement de la croûte du globe; les roches stratifiées, ou formées par couches, semblent, au contraire , appartenir aux dépôts sédimentaires.

Comme nous l'avons dit déjà , quatre grandes époques géologiques se font remarquer dans l'œuvre de la création.

1° La formation de la croûte solide, sans présence d'êtres organisés.

2° L'abaissement des eaux répandues en vapeur dans l'atmosphère et déposées dans des bassins naturels. Alors la végétation apparaît, et après elle viennent les animaux marins. C'est à cette période qu'il faut reporter la formation des terrains intermédiaires et secondaires.

3° Apparition des quadrupèdes, formation des terrains tertiaires, creusement des vallées, état continuel de destruction ou de renversement à la surface.

4° Naissance de l'homme, époque diluvienne et post-diluvienne d'accord avec la Bible.

Ce fut la chaleur et la pression qui favorisèrent la formation des minéraux. Et il faut admirer la sagesse de Dieu, qui, par la simplicité des lois imposées à la matière, nous permet de la voir concourir au but de la création. Déjà, dit Buckland : « Nous trouvons des preuves d'un système et d'une intention arrêtée dans l'ordre si parfait d'après lequel ces agents ont amoncelé au fond des eaux, suivant les conditions les plus favorables à la fertilité, les matériaux de ces mêmes formations stratifiées, qui plus tard devaient, en s'élevant, se convertir en terres fermes. Mais ce plan et cet arrangement, dans un but prévu, se montrent bien davantage encore dans la structure et la composition de ces éléments minéraux cristallins. Dans chaque molécule matérielle qui a été soumise à la cristallisation, nous reconnaissons l'action des lois immuables qui régissent les forces polaires et les affinités chimiques, et qui ont imposé à tous les corps cristallisés une série fixe de formes et de compositions définies. Ces lois, ces systèmes, cet ordre si constant dans leur existence et dans leur application, nous attestent, à n'en pouvoir douter, la présence active d'une intelligence souveraine présidant à tout, dirigeant tout. »

Louise. — Si la plus grande partie de la terre est occupée par l'eau, il faut que ce soit encore dans un but prévu?

Le Précepteur. — Rien n'a été créé inutilement, et l'abondance des eaux sur la terre est en raison de leur utilité; en de là comme en deçà des limites assignées à l'homme, se trouvent d'autres êtres organisés auxquels une atmosphère est nécessaire.

Georges. — Que résulta-t-il de l'infiltration des premières nappes d'eau?

Le Précepteur. — Un grand dégagement

de gaz et le rejet à la surface de matières scoriacées.

Louise. — Les mers avaient-elles, dès le commencement, autant d'étendue?

Le Précepteur. — Non; elles étaient plus nombreuses et moins profondes. Les lacs et les fleuves, au contraire, occupaient un immense espace.

Georges. — A quelles causes sont dues les eaux salées?

Le Précepteur. — Lorsque les grandes masses liquides commencèrent à rouler, elles étaient excessivement chargées de matières minérales répandues avec elles dans l'espace à l'état de dissolution. De là se formèrent ces réunions de substances disposées en rayons, telles que le zinc, la calamine, etc.

Georges. — Quels ont été les primiti.s amas d'eau?

Le Précepteur. — Les anciens bassins lacustres ne présentent que des végétaux fossiles; les bassins marins, au contraire, fournissent des poissons fossiles et des amphibies: il est donc certain que les lacs ont existé avant les mers, le règne végétal ayant dû précéder le règne animal.

Louise. — Chaudes comme elles l'étaient

alors, les eaux devaient avoir une grande force dissolvante.

Le Précepteur. — Il est sûr qu'elles ne rendent plus aujourd'hui tout ce qu'elles reçoivent; cependant les grandes masses, en traversant les roches, se chargent encore de sulfate, de carbonate, de potasse, de magnésie, substances qui forment autant de dépôts marins.

Georges. — Il existe donc hors de la mer du sel en roche, du sulfate de magnésie en roche?

Le Précepteur. — C'est là que les eaux vont se pourvoir.

Louise. — Les lacs devraient alors prendre leur part de ces sels.

Le Précepteur. — Cela a lieu aussi, mais les bassins lacustres étant peu profonds, ne gardent pas les substances salines et les portent à la mer.

Georges. — Les premiers bassins ne présentant que des débris de végétaux fossiles, l'eau avait donc alors partout les mêmes propriétés?

Le Précepteur. — Cela est présumable.

Louise. — Ainsi le zinc, le mercure, le plomb, etc., étaient répandus dans les airs en masses fluides, qui tombèrent avec les eaux?

LE PRÉCEPTEUR. — C'est à cela qu'on doit les puits profonds que se creusèrent les métaux contenus dans les mers et dans les mines.

GEORGES. — L'atmosphère une fois translucide, le firmament dut paraître?

LE PRÉCEPTEUR. — Il en fut ainsi; la lumière réfractaire, pour arriver jusqu'à nous, a besoin de traverser une atmosphère pure; sans cela les rayons du soleil ne peuvent pas darder la terre, et les étoiles ne brillent plus comme autant de lumignons.

Dès que le ciel fut à découvert, les saisons existèrent, les nuits et les jours devinrent une division du temps, pour ainsi dire, calculée sur les forces de l'homme!

Et quelle splendeur, quelle magnificence dans l'éclat du soleil, quelle harmonie entre ces mondes suspendus dans l'espace : tout cela, mes enfants, n'est pas dû au hasard; la même volonté a présidé à cet œuvre immense, et le mot cosmogonie ne veut pas dire autre chose que création de l'ensemble de l'univers. Qu'est-ce qu'une nation à la terre, qu'est-ce que la terre à l'ensemble des corps célestes ? Puis donc que « Dieu fera rendre compte en son jugement de toutes les fautes et de tout le bien et le mal qu'on aura fait, » veillez comme la lumière éternelle, et quand il vous sera dit : « Où êtes-vous » , répondez : « Nous voici, Seigneur; que votre volonté soit faite, et non la nôtre. »

DIXIÈME ENTRETIEN.

Des terrains.

PREMIÈRE CLASSE. — Terrains stratifiés.

LE PRÉCEPTEUR. — La masse du globe se divise en terrains massifs et en terrains stratifiés.

LOUISE. — Qu'est-ce qu'un terrain stratifié ?

LE PRÉCEPTEUR. — Celui qui s'étend en couches superposées les unes aux autres dans un ordre régulier. Ces terrains sont d'un grand intérêt pour la géologie; d'abord par la quantité considérable de minéraux qu'ils fournissent, ensuite comme preuve authentique du passage de la mer sur toutes les plaines du globe et même sur les plus hautes montagnes.

Georges. — Comment l'eau a-t elle pu passer sur les hautes montagnes?

Le Précepteur. — Supposez la terre recevant un choc, éprouvant, dans ses entrailles, un bouleversement tel, que soudain les mers aient été rejetées hors de leurs bassins et lancées sur les terres fermes: n'est-il pas certain que, dans ce grand déplacement général, les eaux, dont la force de courant est prodigieuse, auront été portées jusqu'aux points les plus élevés de la terre, tout en roulant dans leurs ondes des détritus ou parties broyées de roches? Si on examine les couches minérales du globe, on voit que les plus intérieures sont dépourvues d'espèces fossiles; au-dessus se trouvent les débris de végétaux, et enfin, à la superficie se montrent les animaux. Cet examen a nécessité la division du globe en terrains stratifiés de deux ordres, savoir : les terrains fossilifères ou chargés de fossiles, et les terrains sans fossiles.

Louise. — Quels sont les terrains de première classe?

Le Précepteur. — Ceux appelés fossilifères, à cause de leur importance; ils remontent au déluge de Noé, relaté dans la Bible, et désigné par les géologues sous le nom de dernier déluge. Ces terrains ont été déposés à des époques différentes ; les uns, supérieurs aux autres, ne contiennent que des débris d'animaux actuellement existants et de la terre végétale , source de richesses pour le sol.

Au-dessous de ces couches fossilifères se trouvent les terrains tertiaires , contenant des débris de végétaux et d'animaux anté-diluviens , c'est-à-dire qui ont péri dans une catastrophe antérieure au déluge. Il ne reste aucune de ces espèces anciennes; mais les animaux vivants de nos jours sont comme les anneaux de cette chaîne des êtres qui commence au premier d'entre eux pour ne finir qu'à l'homme.

En troisième lieu viennent les terrains secondaires ou ammonéens, en raison de la quantité considérable de coquilles ammonites qu'ils contiennent.

Georges. — Pourquoi ce nom d'ammonites ?

Le Précepteur. — A cause de leur forme en spirale, dite corne d'Ammon. Dans les mêmes couches, on trouve les débris d'animaux vertébrés bien différents de ceux de

nos jours, tels que d'énormes et monstrueux reptiles.

Au-dessous de tous ces terrains de transition, les signes de la vie animale dispa-
raissent pour faire place à des masses considérables de houille, dont l'origine est
due à des débris de végétaux qu'un long
séjour dans la terre a dénaturés.

Les terrains modernes sont surtout dignes
de l'intérêt des géologues par la disposition
qu'ils ont à s'accroître.

Louise. — Comment cela?

Le Précepteur. — Par les débris que
les zoophytes, les madrépores et les végétaux inférieurs y déposent.

Louise. — Qu'appelle-t-on madrépores?

Le Précepteur. — Des corps marins
pierreux qui ressemblent à des végétaux
ramifiés; les zoophytes leur sont à peu près
semblables.

Georges. — Qu'est-ce que les végétaux
inférieurs?

Le Précepteur. — Ceux qui croissent
au-dessous du sol, tels que les plantes marines.

Georges. — Ainsi, ces êtres organisés
forment des dépôts au sein des eaux?

LE PRÉCEPTEUR. — Et par l'accumulation de nouveaux végétaux et de nouveaux polypiers, ces dépôts sont bientôt considérables.

LOUISE. — Que sont les polypiers?

LE PRÉCEPTEUR. — Des animaux marins à plusieurs pieds. Les terrains modernes s'accroissent encore par les agrégats qu'entraînent les eaux.

GEORGES. — Je comprends, elles s'agrègent des matières pierreuses, et de cette association du liquide et du solide de nouvelles terres se forment?

LE PRÉCEPTEUR. — Précisément.

GEORGES. — Où gisent les terrains modernes?

LE PRÉCEPTEUR. — Au pied des montagnes, au milieu des vallées et dans les parties les plus basses de la terre; ils résultent de l'accumulation de débris d'anciens terrains transportés par la main du temps.

Les terrains tertiaires, au contraire, s'étendent en plaines immenses, et sont disposés par couches horizontales dues aux dépôts d'eaux douces ou marines.

LOUISE. — Ces couches n'ont-elles jamais d'inclinaison?

Le Précepteur. — Parfois elles constituent de petites collines à sommet arrondi.

Georges. — Y trouve-t-on beaucoup de coquillages?

Le Précepteur. — Par masses énormes, dont l'étendue est souvent de plusieurs lieues. Les galets, les blocs erratiques, font partie des terrains tertiaires.

Louise. — Les galets ne sont-ils pas des cailloux roulés?

Le Précepteur. — Ceux qui sont engagés dans les poudingues méritent mieux ce nom.

Quant aux blocs erratiques, ce sont des fragments de montagnes entrainés par les eaux et promenés plus ou moins loin.

Dans les terrains tertiaires, on trouve de grandes cavernes à ossements qui contiennent des débris de lions, d'hyènes, de chiens, et d'autres espèces encore existantes. Les couches inférieures, seulement, fournissent quelques squelettes de mastodontes, que nos pachydermes ont remplacés.

Louise. — Que signifie le nom de pachyderme?

LE PRÉCEPTEUR. — Il veut dire à peau dure ; l'éléphant, le bœuf, sont des pachydermes. Les principaux minéraux exploités dans ces terrains par l'industrie humaine, sont l'argile ou terre glaise, qu'on emploie pour la fabrication des tuiles et de la poterie. Viennent ensuite les grès, dont on tire les pierres meulières, les marnes, la pierre à plâtre et la pierre à chaux.

GEORGES. — A ce que je vois, tout ce qui est d'un usage fréquent pour l'homme se trouve pour ainsi dire à sa portée ; il n'a qu'à se baisser pour prendre.

LE PRÉCEPTEUR. — Oui, Dieu a prévu ses besoins, et, de même qu'il lui donne son pain quotidien, il lui a donné toutes choses. Le fer que le marteau rend propre à tant d'usages, la pierre que le ciseau façonne à son gré pour l'architecture, la chaux qui sert de ciment, l'argile qui revêt mille formes, tout cela obéit à la main de l'homme ; il se l'approprie, il en dispose, il le vend ou l'achète. Usufruitier du sol, sa main le creuse, et toujours de nouvelles richesses s'offrent à lui, et toujours il va disant : « Ceci m'appartient, » jusqu'au jour

où, le saisissant à son tour, la mort répète :
« Ceci m'appartient. »

Insensés, nous ne possédons rien, nos trésors sont les trésors de Dieu ; rendons-lui donc ce qui lui revient : il sera juste si nous sommes reconnaissants.

— ❦ —

ONZIÈME ENTRETIEN.

Terrains secondaires.

Le Précepteur. — Les terrains secondaires s'élèvent quelquefois à de grandes hauteurs, et s'enfoncent très-profondément; d'autres fois, ils s'appuient à la surface du sol, et se mêlent à la terre végétale.

Louise. — Ne sont-ils pas plus étendus que les terrains précédents?

Le Précepteur. — Cela doit être, puisqu'ils leur servent de lit.

Georges. — Les couches qui les renferment sont-elles épaisses?

Le Précepteur. — Excessivement.

Louise. — Quelle est leur nature?

Le Précepteur. — On trouve dans les terrains secondaires d'immenses bancs de craie, de grès et de calcaire ; ils sont peu riches en filons métalliques, et ne donnent que rarement du minerai de fer, de la galène ou de la céruse ; mais le cuivre se montre dans quelques parties inférieures.

Isolées, les couches de ces terrains ne sont point propres à l'agriculture ; agrégées à d'autres substances, elles contribuent puissamment à l'amélioration des terres végétales. La nature n'a pas fait elle-même partout le travail préparatoire propre au développement des végétaux ; mais lorsqu'elle n'a pas pulvérisé, amalgamé les substances minérales, elle les a placées sous la main de l'homme, en lui enseignant, par la science, le parti qu'il en peut tirer.

GEORGES. — Ces mélanges de substances minérales sont-ils l'ouvrage des eaux ?

LE PRÉCEPTEUR. — Oui ; cependant toute manifestation de la vie suppose trois conditions principales : *prendre, s'assimiler, rejeter*. Les trois règnes sont soumis à cette loi de la matière.

LOUISE. — On comprend cela pour les animaux et les végétaux ; mais comment l'expliquer pour les minéraux ?

Le Précepteur. — La chose est simple. Si l'on met dans un liquide plusieurs substances minérales, chaque corps attirant ce qui lui convient, repoussant ce qui lui est contraire, il se forme au fond du liquide des nœuds séparés de matières obéissant à ces nécessités de *préhension, assimilation, répulsion.*

Georges. — Quels sont les débris d'espèces animales qu'on trouve dans les couches secondaires ?

Le Précepteur. — Ceux de monstrueux reptiles, tels que les ichthyosaures et les ptérodactyles.

Louise. — Qu'étaient ces animaux ?

Le Précepteur. — Les ichthyosaures se rapprochaient, par la forme, du genre crocodile ; ils habitaient le sein des mers, et n'avaient pas moins de vingt-cinq à trente pieds de longueur. Les ptérodactyles étaient plus singuliers encore, par la longueur de leur cou et par les ailes membraneuses dont ils étaient pourvus ; ils habitaient l'embouchure des cours d'eau.

Georges. — Après les terrains secondaires que trouve-t-on ?

Le Précepteur. — Les terrains de transition, ainsi nommés parce qu'ils forment le passage entre les couches fossilifères et les couches stratifiées privées de débris fossiles.

GEORGES. — C'est à dire que leurs parties supérieures, qui sont plus rapprochées du sol, fournissent des fossiles, tandis que les couches inférieures en sont privées?

LE PRÉCEPTEUR. — Précisément.

LOUISE. — Dans quelle direction s'étendent ces terrains?

LE PRÉCEPTEUR. — Leurs couches sont inclinées et quelquefois verticales, ils s'élèvent à des hauteurs considérables sur le flanc des montagnes primitives.

GEORGES. — De la surface au centre de la terre, les couches vont donc en s'élargissant?

LE PRÉCEPTEUR. — Il le faut bien, puisque les terrains inférieurs servent constamment de lits aux terrains supérieurs. Les débris organiques de ces formations sont des coquilles en grande quantité, et d'immenses amas de végétaux minéralisés tels que la houille. On trouve dans les roches de transition de l'anthracite, espéce de charbon minéral assez semblable à la houille, mais qui brûle comme le coke, sans flamme ni fumée, et qui appartient ordinairement à des terrains très-anciens. L'ardoise et le calcaire compacte y gisent en abondance.

Georges. — Ce calcaire a-t-il une utilité pour l'homme?

Le Précepteur.—Il fournit de très-beaux marbres.

Louise. — Ne trouve-t-on pas aussi des métaux dans les couches de transition?

Le Précepteur. — Le plomb, la calamine, la pyrite cuivreuse, l'argent, le manganèse, l'antimoine, le cobalt, et même les pierres gemmes en font partie.

Georges. — Qu'appelle-t-on pierres gemmes?

Le Précepteur. — Celles qui résultent de cristallisations, comme le grenat, la tournemine, etc.

Louise. — Quelles admirables combinaisons, et combien la terre renferme de richesses !

Le Précepteur. — Les gaz qui s'échappent de son sein, les matières qui s'y trouvent en fusion, les combinaisons qui s'opèrent au milieu de la croûte du globe, tout cela doit remplir notre ame de reconnais-

sance pour le souverain maître du monde !
Et comment ne l'aimerions-nous pas quand
il nous comble de grâces? Comment ne lui
rendrions-nous pas amour pour amour?
Nous ne pouvons rien pour lui , il peut tout
pour nous, car dans son infinie bonté il
nous appelle ses enfants. Ah ! soyons dignes
d'un tel père , et si nous avons besoin d'un
sublime exemple , que Jésus-Christ nous
apprenne comment on prie, comment on se
résigne , et comment on souffre pour mériter le royaume éternel.

Seigneur, les enfants des hommes ne sont
que faiblesse et contradiction; pitié pour
eux au jour de la délivrance! Leurs fronts
s'humilient, leurs genoux fléchissent, Seigneur, grâce et pardon !

DOUZIÈME ENTRETIEN.

2e Ordre de terrains stratifiés sans fossiles.

LE PRÉCEPTEUR. — La terre n'avait point
d'habitants lorsque les terrains stratifiés
sans fossiles furent formés ; ce sont les plus
anciens dépôts attribués à l'action des eaux.

Louise. — Notre globe n'avait donc encore rien produit à la surface?

Le Précepteur.—Il ne laissait pas même pressentir l'approche d'une végétation quelconque, et les stratifications qu'on y remarque sont en général beaucoup plus irrégulières que celles des couches supérieures.

Georges. — Quels sont les plus curieux gisements?

Le Précepteur.—Au milieu des roches formées par des dépôts de sédiments, on trouve des roches cristallines très-remarquables : telles sont celles que fournissent le calcaire saccaroïde ou marbre de Carare, recherché par les statuaires, et le cristal de roche appelé quartz. Les pierres précieuses de jaspe, agate, améthyste, calcédoine, silex, opale, etc., sont des combinaisons quartzeuses.

Georges. — Ces couches sont d'une bien grande richesse?

Le Précepteur. — On y trouve des mines d'étain, d'argent, de platine et d'or; et plus on pénètre profondément dans la terre, plus on y découvre de trésors.

Georges. — Est-ce en raison de la peine

qu'il donne à extraire, que l'or a pour nous une aussi grande valeur?

Le Précepteur. — Nous l'apprécions moins pour cela que pour sa pureté, sa ductilité, sa pesanteur.

Louise. — Que veut dire le mot ductile?

Le Précepteur. — Qui se peut étendre sous le marteau ; et voyez, en effet, qu'on bat l'or en feuilles plus minces que le papier.

Louise. — L'argent a-t-il moins de ductilité?

Le Précepteur. — Plus un métal est dur, plus il est ductile : l'argent est moins dur que l'or, le cuivre moins dur que l'argent ; vous comprenez maintenant auquel de ces métaux il faut donner la préférence. Passons aux terrains de seconde classe, appelés terrains massifs ; ces derniers sont dus à la formation primitive de la croûte du globe, quoique en général recouverts par les autres terrains, il arrive qu'ils s'élèvent au-dessus des couches stratifiées.

Les grandes chaînes de montagnes, jetées à la surface de la terre comme des fortifications naturelles, appartiennent à cette création géologique.

On ne retrouve aucune trace de fossiles dans ces terrains, la température y est trop élevée pour que rien eût pu s'y produire; çà et là, seulement, quelques filons d'étain se laissent apercevoir.

Les roches de ces gisements sont d'une extrême dureté, on s'en sert pour l'architecture des temples, pour les colonnes et les basiliques.

Georges. — Combien d'ordres de terrains comprend cette classe ?

Le Précepteur. — Deux : les terrains d'épanchement et les terrains pyrogènes.

Louise. — Quel est le caractère des terrains d'épanchement?

Le Précepteur. — On nomme ainsi ceux qui se sont solidifiés les premiers; on les rencontre partout, et leur profondeur est immense.

Georges. — D'où leur vient le nom sous lequel on les désigne?

Le Précepteur. — Chargés de résister à la masse incandescente qui cherchait à se créer des issues, ils ont été souvent déchirés par elle et contraints de céder à sa force expansive. S'ils résistaient, leur enveloppe était plissée ou soulevée en montagnes.

C'est ce qui nous permet, aujourd'hui, de suivre leurs traces partout.

GEORGES. — Quelles matières font la base de ces terrains?

LE PRÉCEPTEUR. — Le granit et le porphyre, les métaux y sont rares; on y trouve cependant de l'étain, de l'arsenic et du manganèse en assez grande quantité; l'or, le cuivre, le mercure, et quelques autres minéraux s'y montrent par intervalles.

LOUISE. — Il nous reste à connaître les terrains pyrogènes et l'étymologie de leur nom.

LE PRÉCEPTEUR. — Le mot pyrogène signifie produit par le feu; les roches dont il est question sont en effet le résultat d'é ruptions volcaniques.

GEORGES. — A quoi distingue-t-on les terrains pyrogènes des terrains d'épanchement?

LE PRÉCEPTEUR. — Les premiers sont pour ainsi dire vitrifiés, couverts de cellules ou scories semblables au mâchefer, tandis que les terrains d'épanchement présentent une texture grenue.

GEORGES. — Ces scories témoignent-elles d'un état de fusion?

Le Précepteur. — Sans aucun doute. Les roches trachytes, les basaltes, la pierre ponce et l'obsidienne appartiennent à ces formations.

Maintenant, je vais essayer de placer sous vos yeux un tableau représentant l'état du globe jusqu'à nos jours. La science, ainsi simplifiée, parle plutôt à l'intelligence.

TABLEAU des formations géologiques dans l'ordre de leur superposition.

On trouve dans les terrains tertiaires :

1° Les terrains d'alluvions;
2° Les formations lacustres avec meulières;
3° Les grès et sables de fontaines blancs;
4° Les gypses à ossements et les calcaires siliceux;
5° Les calcaires grossiers et l'argile de Londres;
6° Les grès tertiaires à lignites, l'argile plastique, les mollasses, etc.

Servent de passage des terrains tertiaires aux terrains secondaires :

1° Les craies blanches chloritées. — Les ananchites;
2° Les sables verts et ferrugineux. — Les grès secondaires à lignites.

Les terrains secondaires purs contiennent :

1° { Les ammonites { Le calcaire ju- { Les assises schis-
{ et les planulites { rassique. .... { teuses avec pois-
{ sons et crustacés·

2° Le grès blanc, quelquefois supé-
rieur aux lias. — Le corail rouge.

3° { Le muschelkalk. . ... } L'argile de Dive,
{ les oolithes et le
{ calcaire de Caen.
{ Les ammonites nodosus. ...... } — Le lias mar-
neux à gryphée
arquée.

———

Servent de passage aux terrains intermédiaires :

1° { Les marnes avec gypse fibreux. } Le grès bigarré.
{ Les assises arénacées. .... }

2° Le calcaire magnésien... . { Zechstein. — Calcaire
{ Alpin.
{ Schiste cuivreux.

3° Les formations coordonnées de porphyre, de grès
rouge et de houille.

———

TERRAINS INTERMÉDIAIRES.

Formations de transition.

1° Schistes avec lydienne, grauwache. — Calcaire a
onthocératites. — Trilobites et cromphatites.

TERRAINS PRIMITIFS.

Formations primitives.

1° Schistes argileux ;
2° Micaschistes ;
3° Gneiss ;
4° Granites.

Louise.—Vous avez placé sous nos yeux, Monsieur, d'immenses richesses, mais vous vous êtes arrêté au cinquième jour de la création, et l'homme nous reste encore à connaître.

Le Précepteur. — Avant l'idole, Dieu créa le temple ; j'ai suivi l'ordre rationnel des idées. Maintenant, nous reviendrons de la nature à l'homme et de l'homme à la nature ; l'habitation et l'habitant fixeront tour à tour notre attention. Mais, ô mon Dieu, qu'il nous soit donné de voir de telles choses pour regarder encore au-dessus. Ces prodiges sont grands, sans doute, et cependant, l'homme en a vu de plus grands, car il a été écrit : « Le Seigneur vous don-
» nera lui-même un prodige. Une Vierge
» concevra, et elle enfantera un fils qui sera
» appelé Emmanuel. » (*Isaie*, ch. vi, v. 14.) Emmanuel, c'est-à-dire Dieu avec nous, quelle gratuité ! Il est venu en effet, l'envoyé du Père, et, pour prix de son sacrifice, nous l'avons crucifié !... La crucifixion, c'est la mort ; mais la résurrection, c'est la vie. Le juste ira donc, comme l'Agneau, dans le séjour des justes !

Marie, Vierge et martyre ; Marie, qui

pleura sans maudire les bourreaux de son
Fils, voilà notre consolation, notre espérance. Enfants, soyons humbles de cœur
et répétons, en face de la nature si magni-
fiquement parée : « Je sais que Dieu est
mon Sauveur ; j'agirai avec confiance, et je
ne craindrai point, parce que le Seigneur
est ma force et ma gloire, et qu'il est de-
venu mon salut. » (*Isaïe*, ch. XII, v. 2.)

— ❧ —

TREIZIÈME ENTRETIEN.

Création de l'homme. — Jour du repos.

Nous avons vu, en suivant la Bible, comment la matière dont les mondes sont formés était, au commencement, répandue
dans l'espace. L'esprit de Dieu se mouvait
seul sur les eaux ; mais l'œuvre de la création commença, la terre que nous habitons
prit la forme arrondie, l'atmosphère se
forma, la lumière parut, les végétaux pous-
sèrent leurs jets, les animaux prirent place
sur le sol, et furent plusieurs fois détruits
par ces grands cataclysmes ou inondations
générales qui causaient les soulèvements
des montagnes.

Les tremblements de terre, les volcans, les dépôts d'eaux à la surface, tout cela nous a fourni des faits nombreux, se rattachant à la formation des diverses couches dont se compose la croûte du globe.

Dans un examen concis, nous avons passé en revue les différents terrains superposés les uns aux autres, selon l'ordre de leur formation. Toutes choses nécessaires à l'apparition de l'homme nous ont été montrées; avant de le suivre sur la terre, voyons comment Dieu acheva l'œuvre de la création.

Cinq jours avaient fourni leurs merveilles; au sixième, le Tout-Puissant dit :

« Faisons l'homme à notre image et à
» notre ressemblance, et qu'il commande
» aux poissons de la mer, aux oiseaux du
» ciel, aux bêtes, à toute la terre et à tous
» les reptiles qui se meuvent sur la terre.

» Dieu créa donc l'homme à son image;
» il le créa à l'image de Dieu, et il les créa
» mâle et femelle. Dieu les bénit et il leur
» dit : Croissez et multipliez-vous, remplis-
» sez la terre et vous l'assujettissez; et do-
» minez sur les poissons de la mer, sur les
» oiseaux du ciel et sur tous les animaux

» qui se meuvent sur la terre. Dieu dit en-
» core : Je vous ai donné toutes les herbes
» qui portent leur graine sur la terre, et
» tous les arbres qui renferment en eux-
» mêmes leur semence, chacun selon son
» espèce, afin qu'ils vous servent de nour-
» riture.

» Ce fut le sixième jour. » (*Genèse*, ch.
i, v. 26, 27, 28, 29, 31.)

Ainsi, l'homme, créé à l'état de nature,
prit possession de son domaine et s'y déve-
loppa dans un ordre successif, selon les
conditions de son être.

GEORGES. — Il y a des hommes de plusieurs couleurs; cela établit-il entre eux
des différences d'organisation?

LE PRÉCEPTEUR. — Les nuances de peau
ont leur but dans le plan providentiel de la
création.

LOUISE. — Comment cela?

LE PRÉCEPTEUR. — Il est reconnu que le
noir supporte mieux que le blanc les rayons
du soleil. Vous comprenez, dès-lors, pourquoi le Créateur a placé les nègres sous un
ciel dont leur nature tempère la chaleur,
tandis qu'il a donné une terre moins brû-

lante aux blancs, dont la couleur rayonne davantage.

Georges. — Ainsi, du nord au midi, ces nuances doivent exister?

Le Précepteur. — Sans doute, et le rayonnement des corps contribue à l'harmonie de l'ensemble.

Louise. — Par quel moyen?

Le Précepteur. — Le noir rayonne peu, le blanc rayonne beaucoup; c'est en vertu de cette loi physique que l'équilibre général est établi. Les couleurs des peuples sont dues à des différences de climats.

Louise. — Mais la taille, mais la force?

Le Précepteur. — Tout cela ne constitue pas plus une différence entre les hommes, que les idiômes anglais, français ou allemand. Les uns sont petits, les autres grands; ceux-là Suisses, ceux-ci Italiens. Le Créateur n'a pu voir qu'une chose, l'homme en général, et non les nuances qui le distinguent. L'humanité est une grande famille dont le développement constitue l'échelle sociale; chacun, à des degrés différents, occupe la place qui lui convient. N'a-t-il pas été dit : Aide-toi, le ciel t'aidera.

Georges. — Et quand Dieu eut consacré six jours, ou six grandes époques, à la formation de l'univers, se reposa-t-il ?

Le Précepteur. — Il est écrit : Dieu termina au septième jour tout l'ouvrage qu'il avait fait; et il se reposa le septième jour, après avoir achevé tous ses ouvrages.

« Il bénit le septième jour, et il le sanc-
» tifia, parce qu'il avait cessé, en ce jour,
» de produire tous les ouvrages qu'il avait
» créés. » (*Genèse*, ch. ii, v. 2 et 3.)

C'est pourquoi nous devons bénir le jour du repos et le sanctifier, comme l'ont fait les peuples anciens, tels que les Chinois, les Grecs, les Hébreux.

Louise. — Quelles preuves a-t-on de ces faits ?

Le Précepteur. — Homère, l'un des plus anciens poètes du monde, parle de la sanctification du dimanche; et saint Clément d'Alexandrie écrivait, dès les premiers temps du christianisme, que non-seulement les Hébreux, mais aussi les Grecs, observaient la sainteté du septième jour; et si, selon les croyances, le nom de ce jour était changé, du moins tous s'accordaient à le regarder comme sacré. Nous, chrétiens, qui avons hérité des promesses de l'alliance de grâce, nous que l'eau du baptême et que la communion a rendus enfants de l'Église, pourrions-nous oublier de sanctifier la fête que le Créateur a désignée pour lui être consacrée?

Le dimanche, mes enfants, c'est le point de repos placé entre les semaines pour en suspendre et en recommencer le cours. Six jours pour nous, un jour pour le Seigneur, est-ce trop reconnaître ce que nous devons à ses bontés? Ah! tombons à genoux tous ensemble, glorifions-le, car « avant que les montagnes eussent été » faites, ou que la terre eût été formée, » il était Dieu de toute éternité et dans » tous les siècles. L'homme est le matin » comme l'herbe qui passe bientôt: il fleu- » rit le matin, et il passe; il tombe le soir, » il s'endurcit, et il sèche. » (*Ps.*, chap. xxxix, v. 2, 5 et 6.)

Puis donc que notre passage est si court sur cette terre, soyons toujours prêts à la quitter, et, prudents voyageurs, tenons notre conscience légère pour le jour où nous aurons des comptes à rendre. Ce n'est pas notre présence dans les églises ni la longueur de nos prières, qui peuvent nous sauver si nous ne portons un cœur pur. L'encens agréable à l'Eternel, c'est l'amour d'une ame chrétienne. Soyons donc chrétiens selon l'esprit de l'Évangile, suivons plus que la lettre de la loi, et demandons au Seigneur de nous donner la charité.

— ※ —

QUATORZIÈME ENTRETIEN.

Minéralogie. — Roches du premier ordre. — Des terrains stratifiés.

Le Précepteur. — Maintenant que l'homme est placé sur la terre, nous pouvons la parcourir, la fouiller avec lui et profiter des investigations de la science.

Nous avons vu comment, de la surface au centre, la croûte du globe s'étend par couches stratifiées jusqu'aux terrains primitifs.

Ces richesses enfouies dans la terre, l'homme se les approprie, et l'étude qui leur est particulière a constitué la minéralogie. Cette science a pour objet la connaissance analytique des minéraux et des caractères qui les distinguent; elle s'occupe aussi d'une manière spéciale des moyens de les extraire de la terre.

Pour parvenir à connaître les minéraux, deux moyens sont offerts, savoir : l'un physique, consistant en l'examen naturel des roches; l'autre chimique, dont l'analyse est la base.

GEORGES. — Comment peut-on analyser des minéraux?

LE PRÉCEPTEUR. — En les mettant en contact avec certains acides qui les décomposent et font connaître leur nature.

GEORGES. — Quels sont ces acides?

LE PRÉCEPTEUR. — Les plus communément employés sont l'acide sulfurique ou l'huile de vitriol, l'acide nitrique ou eau forte, l'ammoniaque ou alcali volatil, la potasse et la soude. On connaît encore, au moyen du feu, si un métal est fusible, s'il peut être réduit en vapeur, et enfin à quel degré de chaleur il est fondu ou volatilisé.

L'acide nitrique sert à reconnaître l'or, seul métal de cette couleur qui ne soit pas altéré par ce contact. L'acide sulfurique, à son tour, apprend à distinguer la pierre à plâtre de la pierre à chaux, en

soumettant cette dernière à un état d'effervescence que le plâtre n'éprouve point.
Mais c'est surtout pour l'analyse des minéraux composés que les réactifs sont utiles,
parce qu'ils s'unissent à certaines substances et séparent les autres.

GEORGES. — Et quels sont les moyens
physiques d'opérer ?

LE PRÉCEPTEUR. — Ceux qui caractéri-
sent par la forme, la ténacité, la dureté.
Pour rendre cette étude plus facile, on a
divisé les minéraux en trois classes : les
gazolithes, les leucolithes et les croïcolithes.

LOUISE. — Qu'appelle-t-on gazolithes ?

LE PRÉCEPTEUR. — Les minéraux gazeux
ou solides qui, s'unissant avec l'oxygène ou
l'hydrogène, donnent naissance à des combinaisons gazeuses.

GEORGES. — Les leucolithes ont-ils les
mêmes propriétés ?

LE PRÉCEPTEUR. — Non, ils ne font jamais effervescence, soit qu'ils se trouvent à
l'état solide ou liquide. Quant aux croïcolithes, ils sont tous solides et ne forment
point de gaz en s'unissant avec d'autres
corps.

Georges. — Les acides ne peuvent donc pas les pénétrer ?

Le Précepteur. — Au contraire, ils exercent sur eux une action colorante très-prononcée. Il y a des gazolithes aériformes qui sont de purs sels volatils, comme le gaz azote, l'ammoniaque, le chlore, l'hydrogène et l'oxygène.

Louise. — Quelles sont les propriétés du gaz azote ?

Le Précepteur. — Comme l'hydrogène et l'oxygène, il est incolore, mais il éteint les corps en combustion ; et, pour reconnaître ces trois gaz, il suffit d'avoir une bougie.

Georges. — Quel effet produisent-ils sur elle ?

Le précepteur. — L'hydrogène l'allume, l'azote l'éteint, l'oxygène la brûle avec une grande rapidité.

Georges. — Qu'est-ce que l'ammoniaque ?

Le précepteur. — Un gaz incolore d'une odeur piquante, composé d'azote et d'hydrogène, qui se forme partout où des matières animales sont en putréfaction.

Georges. — Est-il vrai qu'il suffise de quelques gouttes d'ammoniaque pour dégriser un homme ivre ?

Le Précepteur. — Parfaitement vrai! Le chlore, par son âcreté, est assez semblable à l'ammoniaque; cependant son odeur diffère.

Louise. — Comment se forme ce gaz ?

Le Précepteur. — Il émane souvent des éruptions volcaniques, et, répandu dans l'atmosphère, il finit par tomber en pluie. De même que l'ammoniaque, le chlore se dissout dans l'eau facilement.

Georges. — Quant à l'hydrogène, je sais qu'il remplace l'huile avec avantage pour l'éclairage.

Le Précepteur. — Il se trouve en outre dans tous les corps organisés ; c'est un gaz transparent quatorze fois plus léger que l'air, voilà pourquoi on l'emploie pour gonfler les ballons. La fumée qui se dégage de la houille et de tous les corps gras ou résineux, n'est que de l'hydrogène sans épuration.

Georges. — Ce gaz ne se forme-t-il pas dans les eaux stagnantes?

Le Précepteur. — Les marais, les dépôts houillers, les fosses d'aisances et les volcans en activité en dégagent assez abondamment.

Louise. — Quelle propriété particulière distingue l'oxygène ?

Le Précepteur. — Indépendamment de ce qu'il fait la base de l'air atmosphérique et de l'eau, ce gaz est contenu dans plusieurs minéraux, tels que le fer, la chaux, le grès et tous les corps organisés, à commencer par l'homme. Seul propre à la respiration animale, il se combine avec tous les corps simples et fait brûler les corps en ignition, avec lesquels il engendre des acides ou des oxydes. Voyez, mes amis, par quelle admirable combinaison la nature élabore de son sein les substances nécessaires à la vie organique ! Entre elles et les corps placés à sa surface, c'est une action et réaction constante ; et cependant, loin de s'affaiblir par cette prodigalité, à chaque printemps elle produit de nouvelles familles végétales, plus riches, plus multipliées, que l'homme s'approprie comme s'il était appelé à ne jamais quitter cette terre où il sème ce que d'autres récolteront. Un gland est déposé dans la terre, un arbuste se montre bientôt à la même place, qui, cédant au souffle du vent, se balance et s'incline pour le laisser passer. A rien il ne fait violence, et, d'année en année, sa tête se couvrant d'une chevelure arrondie, il laisse glisser les autans sous son feuillage jusqu'au jour où, profondément enraciné en terre, il devient chêne superbe capable d'apaiser les orages et d'offrir à l'homme un abri protecteur! Pendant qu'il s'est ainsi développé, plusieurs siècles se sont écoulés, plusieurs générations ont été effacées de la terre, qui toutes se l'étaient approprié, sans penser à cette dernière étape de la vie, dont le terme est la mort.

Mes enfants, vous que je veux éclairer de mon expérience, puisez un précepte de conduite dans ces périodes de croissance auxquelles le chêne est soumis. Comme lui, soumettez-vous aux jours du danger, inclinez-vous sous le vent des passions pour qu'il passe sur vos têtes. La Bible est le terrain où doivent se développer les racines de votre foi, et quand vous aurez crû en espérance, les orages de l'adversité vous trouveront forts contre leurs coups. Il n'y a point de véritable danger pour quiconque met sa confiance en Dieu!

QUINZIÈME ENTRETIEN.

Gazolithes solides.

Le Précepteur. — Nous avons examiné les gazolithes liquides, passons maintenant à la famille des gazolithes solides qui se trouvent dans les entrailles de la terre. Le soufre, le phosphore, le carbone, l'arsenic et la silice font partie de cet ordre de minéraux.

Georges. — Le soufre n'est-il pas vomi par les volcans?

Le Précepteur. — Il se trouve aussi dans la plupart des sources minérales qui jaillissent du sein de la terre : la médecine et la chimie en tirent un grand parti.

Louise. — N'est-ce pas par le soufre que les corps inflammables sont allumés?

Le Précepteur. — Oui, notamment les allumettes chimiques et autres ; mais si le soufre sert à produire le feu, il sert aussi à l'éteindre, et les embrasements de suie dans les cheminées n'ont pas de plus cruel ennemi que lui.

Louise. — Comment cela?

Le Précepteur. — Jeté sur la flamme,

il dégage une quantité si considérable de gaz en fumée, qu'il y a effort dans toute la longueur du tuyau de la cheminée, ce qui contraint la suie à tomber immédiatement. Le soufre, combiné avec l'oxygène, forme les acides sulfureux et sulfurique.

Louise. — Qu'est-ce que le phosphore?

Le Précepteur.—Son nom signifie porte-lumière; il s'enflamme, en effet, dès qu'il est en contact avec l'air : on l'obtient artificiellement de certains résidus de matières liquides animales; l'odeur qu'il porte est semblable à celle de l'ail.

Georges. — Et le carbone?

Le Précepteur. — Combiné avec d'autres corps, il fait partie de tous les êtres organiques. A l'état de pureté parfaite, il constitue le diamant.

Georges. — Quoi! ce minéral dont la dureté est si grande, n'est autre chose qu'un gaz?

Le Précepteur. — Il entame en effet tous les minéraux sans pouvoir être atteint par eux, et c'est avec sa propre poussière qu'on le polit.

Louise. — Le diamant n'est-il pas infusible?

Le Précepteur. — Aucun acide, aucune chaleur ne peuvent le dissoudre.

Georges. — Quels sont les plus beaux diamants?

Le Précepteur. — Les blancs; viennent ensuite les roux, les orangés, les jaunes, les verts, les bleus et les noirs.

Louise. — D'où extrait-on cette pierre précieuse?

Le Précepteur. — Du Brésil et de certaines parties des Indes-Orientales.

Louise. — Existe-t-elle en couches abondantes?

Le Précepteur. — Non; sans cela elle serait moins appréciée. On monte le diamant en colliers, en bagues, en pendants d'oreilles, etc. Il sert à couper le verre, à polir ou percer les autres pierres précieuses. Pour donner une idée de son prix, je dirai qu'un diamant de la couronne de France, appelé le *Régent*, a couté trente millions d'achat, bien qu'il ne soit pas de la grosseur d'un œuf de pigeon. Cependant le diamant si blanc, et la houille si noire, sont déposés dans les mêmes couches.

Louise. — Il entre donc du carbone dans la houille?

Le Précepteur.— Oui, mais il s'y trouve associé à l'hydrogène et parfois à l'oxygène ou au fer; c'est ce mélange qui suffit pour changer sa nature.

Georges.— Ainsi, de blanc qu'il était, il devient noir, et de dur il devient tendre?

Le Précepteur.—Comme vous dites; mais ce que le luxe y perd l'industrie le gagne, et les corps qui nuisent au diamant contribuent à donner à la houille ces caractères particuliers qui la rendent propre à la combustion. Je vous ai dit comment s'étaient formés les terrains houillers; je dois vous dire un mot du graphite, sorte de plombagine dont on fait les crayons, et qui se trouve dans les couches les plus profondes; cette substance est incombustible, ou impropre au feu; elle sert à faire des crayons.

Georges. — Ne l'appelle-t-on pas aussi mine de plomb?

Le Précepteur. — C'est fort improprement, car il n'entre pas un atome de plomb dans sa composition. Son nom de graphite, qui signifie propre à écrire, indique à quel usage il est réservé.

Louise. — De quoi se compose-t-il?

Le Précepteur. — De charbon et d'une

très-petite partie de fer. La couche qui se trouve sur le graphite fournit ce qu'on appelle l'anthracite, charbon minéral dont je vous ai déjà parlé ; son usage est peu commun, ce n'est que mêlé à la houille qu'il parvient à composer un assez bon combustible.

Georges. — Qu'est-ce que le bitume ?

Le Précepteur. — Un corps assez facile à fondre par le feu s'il est à l'état solide ; on s'en sert pour l'éclairage quand il a été dégagé de la fumée épaisse qu'il produit ; on s'en sert encore pour le dallage, en l'associant au sable : on lui donne alors le nom d'asphalte, du lac Asphaltite ou mer Morte, qui le produit.

Louise. — Il y a donc du bitume naturellement liquide ?

Le Précepteur. — Oui, l'huile de pétrole, par exemple, sort du sol dans certains pays. Par la distillation on en obtient du naphte, liquide très-inflammable et très-volatil, composé d'hydrogène et de carbone. Le succin, ou ambre jaune, est le plus solide des bitumes connus, et répand une odeur très-agréable quand on le brûle ; on l'emploie en pharmacie et pour la toilette.

Le carbone, qui entre pour un centième dans la composition de l'air atmosphérique, constitue le gaz acide carbonique ; le vin de Champagne et les eaux gazeuses lui doivent leur propriété pétillante.

GEORGES. — Qu'est-ce que l'arsenic ?

LE PRÉCEPTEUR. — Un poison violent qui répand une forte odeur d'ail et qui s'oxyde très-facilement à l'air : on le trouve dans les terrains primitifs et plutoniques ; il sert à fondre le platine, et entre dans la composition de métaux alliés dont on fait des boutons, des chandeliers et différents objets d'ornement. Le minéral appelé bore est celui dont l'acide borique est formé ; les pharmaciens s'en servent pour donner à l'alcool une belle couleur verte qui garde une grande pureté.

Quant à la silice, elle tire son nom de *silex*, caillou, parce qu'elle en forme la base, ainsi que du sable. C'est une substance infusible très-dure, qui fait feu au briquet ; unie à la potasse ou à la soude, elle compose le verre.

La silice est très-abondante dans la nature, elle fournit le quartz, que l'on trouve sous tant de formes.

Georges. — Le quartz n'est-il pas d'une grande ressource en industrie?

Le Précepteur. — On le monte comme le diamant, on le taille à facettes pour les parures des femmes.

Louise. — Il change donc alors de nom ?

Le Précepteur. — Oui, et nous reviendrons sur ce point, en parlant d'une variété de quartz appelée corindon. C'est encore par le quartz, et par conséquent par la silice, que sont formées les agates, les chalcédoines, les sardoines et les cornalines.

Louise. — A quoi se distinguent les agates?

Le Précepteur. — A leur translucidité autant qu'à la variété de leurs nuances; il y en a de rubanées, d'unies; mais toutes sont parfaitement polissables et se montent en cachets, en mosaïques, en bracelets; on les emploie aussi en incrustations pour certains meubles de prix. La chalcédoine, la sardoine et la cornaline, ont à peu près la même destination.

Le silex, dit pyromaque ou pierre à fusil, fournit les pierres meulières et le grès : on trouve ce minéral dans la craie blanche. Les opales sont une variété de silice, présentant des reflets nacrés très-remarquables : on les exploite au Mexique et en Hongrie, dans les terrains volcaniques. Notre prochain entretien sera destiné en partie au second sous-genre de silice ; mais déjà, mes amis, vous avez dû être frappés des différentes compositions que, sous la main de Dieu, la nature s'est plue à accomplir dans ses immenses laboratoires chimiques. Non - seulement le père suprême a donné à l'homme ce qui lui est utile, mais ce qui lui est agréable.

Architecte de l'Univers, il en est aussi le plus grand artiste, et jamais peintre n'a fondu ses couleurs avec une égale harmonie. Du même corps il a tiré les substances les plus opposées pour les marier à d'autres, et il est admirable de voir comment, sous toutes les formes, les mêmes couleurs se reproduisent avec la même pureté, au ciel, sur la terre, dans la terre ! Science, art, industrie, tout a concouru à l'œuvre sublime de la création, et l'homme, fait à l'image de Dieu, a reçu le principe de ces grandes facultés qui ont présidé à la cosmogonie générale ou formation de l'univers.

L'Éternel a voulu que l'intelligence née de son intelligence, et la force née de sa

force, trouvassent le secret de ces combinaisons enfouies, comme autant de trésors,
au sein de la terre. L'homme n'a rien créé
de lui-même, il a trouvé dans le grand livre
de la nature toute l'histoire de la science ;
l'industrie divine s'est révélée à son industrie, et enfin les harmonies terrestres ont
élevé sa pensée jusqu'aux régions de la
poésie, mère des beaux-arts !

Que l'homme donc soit moins vain de lui-
même, puisqu'il ne tire rien de son propre
fonds, et que toutes choses lui ont été révélées.
Ces machines locomotives qui le transpor-
tent en peu d'instants à de si grandes distances, cette vapeur comprimée dont il a
su tirer parti, le sol qui sous sa main produit de si grandes richesses, les gaz qu'il
multiplie pour lui servir de lumière artifi-
cielle, tout cela Dieu ne l'avait-il pas placé
dans la nature pour lui apprendre à s'en
servir ? Et quelle locomotion n'est pas celle
de la terre parcourant en vingt-quatre heures un espace de 600,000 lieues ? Quels foyers à gaz approchent de ces vastes fournai-
ses d'où s'élaborent des masses de vapeurs ?
Quelles charrues, quels bras remueront
dans des millions d'années ce que, dans un

seul jour, ont remué les mains de Dieu !
Tombons donc à genoux , et , sans cesser
d'admirer ce qu'a produit le génie des hommes dans la succession des siècles, reconnaissons que nous sommes individuellement
bien peu de chose, et que nous avons besoin
de toute la protection du ciel pour mériter
un jour l'immortalité ! Mes amis, convain-
cus de cette vérité, répétons avec Job : « Je
» prends le Dieu vivant à témoin , que tant
» que j'aurai un souffle de vie, et que Dieu
» me laissera la respiration, mes lèvres ne
» prononceront rien d'injuste, et ma langue
» ne dira point de mensonge. » (*Job* , ch.
xxvii, v. 2, 3 et 4.)

SEIZIÈME ENTRETIEN.

Second sous-genre de silice.

Le Précepteur. — Dans le second sous-
genre de silice , dont il nous reste à parler,
on trouve les espèces où le quartz s'unit à
l'alumine pour former de nouvelles combinaisons, comme le grenat, l'asbeste, le feldspath, le mica et le talc.

Georges. — Quelles sont les propriétés
du grenat?

Le Précepteur. — Composé de silice, d'oxyde de fer et mélangé de silicate de chaux, de magnésie, de manganèse, etc., il a plus de dureté que le quartz; sa couleur rouge le fait estimer des lapidaires : cependant diverses variétés sont si communes qu'en certains pays on les exploite pour le fer qu'elles contiennent. L'asbeste, que nous devons connaître, est un minéral qui a toutes les apparences d'un véritable végétal. Sa texture fibreuse, sa couleur argentine et la douceur de sa poussière au toucher, sont les caractères particuliers qui le distinguent; de plus, il est incorruptible au feu. L'amiante n'est qu'une variété plus soyeuse de l'asbeste.

Georges. — A quel usage cette substance est-elle utile ?

Le Précepteur. — Elle fournit des mèches perpétuelles que l'on nettoie en les passant au feu, les plus beaux papiers, les dentelles les plus riches se font avec l'asbeste.

Louise. — On peut donc le filer ?

Le Précepteur. — Aux temps les plus reculés on en faisait des tissus qui servaient pour envelopper les morts dont on voulait recueillir les cendres.

Georges. — Les membres étaient donc réduits en poudre sans que l'enveloppe fût atteinte?

Le Précepteur. — Le feu ne peut rien sur l'asbeste ni sur l'amiante.

Georges. — Le feldspath a-t-il les mêmes propriétés?

Le Précepteur. — Non; mais il raie le verre comme la silice, et sa dureté vaut presque celle du quartz : c'est un composé de silex, d'alumine et de soude ou de potasse ; il se trouve dans la plupart des roches primitives ou des roches plutoniques. Le kaolin, terre à porcelaine, est un produit du feldspath.

Louise. — Comment obtient-on le kaolin ?

Le Précepteur. — Par la décomposition des roches primitives; mais il est très-rare de le trouver d'un beau blanc.

Georges. — Quelle est la texture de ce minéral?

Le Précepteur. — Il tient le milieu entre le verre et la porcelaine, et peut entrer facilement en fusion. Quant au mica, il man-

que entièrement de dureté ; son éclat mé-
talloïde le fait sans peine reconnaître : on
dirait des paillettes d'or ou d'argent incrus-
tées dans de la terre.

Louise. — Est-ce qu'il contient des métaux ?

Le Précepteur. — Non, quoiqu'on s'y
soit souvent trompé.

Georges. — Quel parti en tire-t-on ?

Le Précepteur. — Comme c'est une substance lamelleuse qui se tranche par feuilles, les habitants de la Sibérie s'en servent
en guise de vitres ; autrement, on ne l'emploie qu'associé à d'autres corps.

Le talc, plus onctueux au toucher que le
mica, a beaucoup d'analogie avec lui : il
est cependant plus friable et moins brillant,
quoique infusible.

Georges. — A quoi l'emploie-t-on ?

Le Précepteur. — On en obtient pour la
poterie la pierre ollaire ; il fournit aussi la
serpentine, roche plutonique dont il est la
base ; on en fait des colonnes, des socles et
autres ornements.

Louise. — D'où vient le nom de serpentine ?

Le Précepteur. — De taches analogues

à celles qu'on remarque sur la peau du serpent.

Georges. — A quelle cause ces taches
sont-elles dues ?

Le Précepteur. — Au mélange de plusieurs minéraux disséminés çà et là. La
stéalithe, ou pierre savonneuse, fait encore
partie du second sous-genre de silex : c'est
un talc compacte formant des roches qui
se présentent en amas. On en tire la craie
de Besançon, qui sert à adoucir la peau,
quand elle est à son état pur de blancheur ;
teinte par une petite quantité de carthame,
on l'emploie comme fard.

Après ces minéraux viennent les leucolithes, dont les combinaisons avec d'autres
corps ne sont jamais ni gazeuses ni colorées. Cette classe compose les trois familles
des leucolithes terreux, alcalins et métalliques.

Georges. — Quels sont ceux de la première famille?

Le Précepteur. — La zircone, l'alumine
et la magnésie. Ces deux dernières substances sont d'un usage fréquent dans le commerce. Il faut aussi classer dans cette famille le sous-genre qui compose le corin-

don, et l'alun qui fixe les couleurs des étoffes ; il s'emploie dans la papeterie. Presque aussi dur que le diamant , le corindon
fournit le saphir , la topaze , l'améthyste,
l'émeraude ; il donne aussi l'émeri , substance sans valeur dans la bijouterie, mais
qui est utile au commerce pour le polissage
des glaces , de l'acier et des pierres précieuses. Les plus beaux corindons nous
sont envoyés des Grandes-Indes , ce qui
leur a valu le nom de pierres orientales.

Il y a dans cet ordre les spinelles, pierres
précieuses d'un beau rouge, qui constituent
le rubis-balais ; la lazulithe, ou pierre d'azur,
qu'on taille et dont on fait des vases d'un
grand prix. Elle fournit aussi le beau bleu
minéral employé pour la peinture.

Louise. — Est-ce qu'il suffit, pour obtenir cette couleur , de réduire la pierre en
poudre ?

Le Précepteur. — Quand on l'a broyée
et chauffée, on l'humecte avec du vinaigre
pour en former une pâte qu'on réduit en
poudre très-fine et qui ne s'altère jamais.

Dans cette division de minéraux, la nature s'est montrée prodigue envers les hommes et semble avoir travaillé pour tous

leurs besoins à la fois. Les arts, l'industrie puisent tour à tour dans les trésors qu'elle leur a ouverts avec une sagesse qui rend témoignage de l'œuvre et de l'ouvrier. Les roches dispersées çà et là, les courants d'air, les courants d'eau établis en tous sens, sont comme autant d'agents destinés à seconder le plan providentiel. Et qu'elle est riche cette histoire du globe, qui commence avec lui pour ne s'arrêter qu'à la fin des temps !

Chaque siècle qui s'écoule dit au siècle qui commence les merveilles du passé : chaque génération qui s'éteint initie la génération qui naît aux secrets de l'avenir. Ainsi le progrès, se développant sans cesse, nous apprend que si Dieu est parfait de toute éternité, l'homme est perfectible dans le temps. Combien de modifications n'a-t-il pas subies, en effet, depuis son état de nature, et combien ne doit-il pas se réjouir d'avoir servi à rendre témoignage de la grandeur divine !

Que son cœur ne s'enfle point de toutes ces choses ; qu'il restitue les biens dont il est l'objet à leur véritable source, afin d'être de plus en plus digne des grâces célestes.

L'orgueil est l'ennemi du bien ; en s'attribuant tout, il oublie la sagesse ; et cependant, qui peut dire : « Mon cœur est » net, je suis pur de péché ? » Mes amis, vous qui pouvez encore écouter la prudence, vous dont l'inexpérience rend l'oreille attentive, soyez humbles pour devenir sages ; car : « On jugera par les inclinations de » l'enfant si un jour ses œuvres seront pu- » res et droites. » (*Proverbes*, chap. xx, v. 11.)

DIX-SEPTIÈME ENTRETIEN.

Leucolithes alcalins.

LE PRÉCEPTEUR. — Cette seconde famille de leucolithes alcalins comprend tous les minéraux qui peuvent être dissous dans l'eau.

GEORGES. — A quel usage sont-ils propres ?

LE PRÉCEPTEUR. — Unis aux huiles fixes

ou à d'autres corps gras, ils forment d'excellents savons.

Louise. — Ainsi les productions de la nature viennent sans cesse en aide aux efforts de l'homme?

Le Précepteur. — Dieu lui livre les substances, il n'a plus qu'à les mélanger si le mélange n'existe déjà.

Georges. — Quels sont les alcalis les plus communs?

Le Précepteur. — La chaux, la potasse, la soude.

Georges. — La chaux est sans doute très-abondante dans la nature, pour fournir à tous les travaux auxquels on l'associe?

Le Précepteur. — Elle n'existe jamais pure, et forme, au contact de l'air, le sel appelé carbonate de chaux. Le calcaire, ou pierre à chaux, et le gypse, ou pierre à plâtre, sont les deux alcalins les plus employés. Le calcaire est une combinaison de chaux et d'acide carbonique; le gypse, une combinaison de chaux et d'acide sulfurique.

Louise. — Le plâtre ne sert-il qu'à bâtir?

Le Précepteur. — On l'emploie encore pour améliorer les terres et pour composer, avec de la colle-forte, une pâte appelée stuc, dont on fait divers ornements.

Georges. — Quel est l'usage de la potasse?

Le Précepteur. — Dieu semble l'avoir donnée à l'homme pour servir à ses besoins les plus usuels : elle entre dans la composition du savon noir; c'est, en outre, un caustique extrêmement puissant, qu'on n'obtient à l'état de pureté qu'après l'avoir séparé de l'acide nitrique et des autres corps qui lui sont associés. La pierre à cautère, le salpêtre et l'acide nitrique, sont des produits différents de la potasse.

Georges. — Ne l'emploie-t-on pas aussi dans la composition de la poudre à canon?

Le Précepteur. — Unie au soufre et au charbon, elle produit en effet cette substance dont les hommes ont fait un instrument de mort, comme si le terme de la vie n'était pas assez court déjà! comme si la guerre, en détruisant beaucoup, remédiait à rien! Y a-t-il dans la nature autre chose qu'une parfaite harmonie, et la paix ne nous est-elle pas commandée par les trois règnes à la fois? Mais revenons à nos minéraux et à la soude, variété de potasse que l'on trouve toujours mêlée au chlore ou aux acides borique et carbonique. C'est de ce minéral qu'on tire le sel marin, ou sel gemme, répandu sur la terre par masses de plusieurs lieues d'étendue. Il est d'un usage habituel à l'homme; Dieu le lui a donné abondamment pour qu'il en usât sans préparation : les sources de la vie viennent toutes d'en haut; les sources de la mort sont notre ouvrage. On distingue encore une troisième famille de leucolithes métalliques, comprenant sept variétés, savoir : l'antimoine, l'étain, le zinc, le plomb, le bismuth, le mercure et l'argent.

Tous ces métaux sont d'un grand secours à l'homme : il en forme des instruments de toutes sortes, des objets de luxe et d'utilité qui varient à l'infini.

Louise. — Allie-t-on souvent ces métaux ?

Le Précepteur. — Oui, mais de cette union il résulte les plus heureuses combinaisons.

Louise. — L'argent, par exemple, est pour nous une grande source de richesse ?

Le Précepteur. — Frappé en monnaie il s'emploie pour toutes les transactions commerciales; fondu en couverts, il fournit aux familles un auxiliaire commode aux usages de la table; du Nord au Midi, dans les quatre parties du monde, les hommes s'entendent sur sa valeur mieux que sur la valeur des mots, et les écus se convertissent facilement en monnaies courantes.

Louise. — L'or ne fait-il pas partie des leucolithes métalliques?

Le Précepteur. — On le range parmi les croïcolithes, combinaisons métalliques unies aux acides, et par cela même colorées diversement. Cette classe comprend deux familles, savoir : les métaux ductiles et malléables, et les métaux cassants; les uns et les autres sont d'une grande utilité à l'homme par les diverses formes qu'ils peuvent revêtir.

Georges. — Quels furent les premiers métaux exploités?

Le Précepteur. — Le fer, le cuivre et l'or; il n'y a que quelques années qu'on a découvert le platine et le nickel, contenus en petites quantités dans les couches où gît l'or.

Georges. — Dans quelles couches trouve-t-on le fer?

Le Précepteur. — Dans les terrains de transition et dans les grès inférieurs. Ce minéral est ordinairement disposé par filons. L'aimant est du fer olégiste, ou oxyde de fer magnétique.

Louise. — Et le cuivre, comment est-il disposé dans les roches?

Le Précepteur. — Le plus abondant est le cuivre pyriteux; il se présente en cubes ou en masses rayonnées dans les couches argileuses.

Louise. — L'or ne s'altère-t-il jamais, comme le cuivre, que le vert-de-gris ronge?

Le Précepteur. — L'or est le plus pur de tous les métaux, et c'est à cela sans doute qu'il doit sa valeur monnayée. On l'extrait abondamment du Pérou et du Mexique; il y a même quelques fleuves qui en charrient des paillettes.

Georges. — Quelles sont les propriétés du mercure?

Le Précepteur. — A l'état liquide, il rend de très grands services à la science par le poids dont il est.

Dans la partie de ces entretiens qui traitera de la physique, nous aurons à en parler de nouveau, comme nous parlerons aussi de l'aimant à propos de l'électricité. Maintenant, je dois me borner à vous dire que le mercure, allié à l'étain, donne aux miroirs la propriété qu'ils ont de réfléchir les objets; le mercure gèle à quarante degrés au-dessous de zéro, et devient alors susceptible d'être frappé en médailles. L'Espagne est riche en mines de mercure.

Louise. — Ne l'appelle-t-on pas aussi vif-argent?

Le Précepteur. — Oui, à cause de la facilité qu'il a à se mouvoir dès qu'on le divise.

Georges. — Qu'est-ce que le nickel et le platine?

Le Précepteur. — Deux métaux inférieurs à l'or, mais dont on fait des objets d'orfèvrerie fort remarquables.

Ainsi, vous le voyez, nous avons consacré quatre entretiens à l'étude de la minéralogie dans son ensemble plus que dans ses détails, et cependant, si les roches principales vous sont connues, que de subdivisions ne vous reste-t-il pas encore à connaître!

Dans les terrains stratifiés, ou placés par couches, nous avons trouvé une quantité de minéraux commençant à ce point où s'arrête la terre végétale.

Les terrains tertiaires sont venus ensuite ; c'est dans leurs couches que se trouvent les débris d'animaux disparus avec le déluge. Les terrains secondaires ou ammonéens, sur lesquels les précédents reposent, ont dû, à leur tour, fixer notre attention ; puis, dans le même ordre descendant, se sont offerts à nous les terrains de transition sans animaux ; les terrains modernes, contenant des madrépores et des zoophytes, ont succédé aux autres comme occupant les parties basses de la terre.

Georges. — Tout cela nous est présent, et nous savons qu'on trouve dans les terrains tertiaires des coquillages mêlés à des couches d'argile, de grès, de gypse et de marne.

Le Précepteur. — Dites-moi, Louise, à votre tour, de quoi se composent les terrains secondaires.

Louise. — La craie, le grès et le calcaire en font la base ; on y trouve peu de fer, de la galène et de la céruse.

Le Précepteur. — Et les terains de transition ?

Louise. — Ils sont formés de houille dans la partie supérieure, puis d'anthracite d'ardoise et de calcaire compacte.

Georges. — On y trouve aussi du plomb, de la calamine, de la pyrite cuivreuse, de l'argent, du manganèse, de l'antimoine, du sel gemme, du grenat, de la tournemine, etc.

Le Précepteur. — Et dans le deuxième ordre de transition, que remarquez-vous ?

Georges. — Des stratifications sans fossiles, du quartz, de l'étain, de l'argent, du platine, de l'or.

Louise. — Dans les terrains massifs, inférieurs à tous ceux-là, il n'existe plus que de l'étain, des marbres sans traces d'animaux fossiles.

Georges. — Le granit, le porphyre, l'étain, l'arsenic, la manganèse, l'or, le cuivre et le mercure se trouvent dans les terrains d'épanchements qui sont au-dessous des terrains massifs. Enfin les terrains pyrogènes, formés de trachytes, roches balsatiques, d'obsidienne et de pierre ponce, terminent la croûte solide du globe dans la partie la plus inférieure.

Le Précepteur. — Cet ensemble de roches et leur produit constituent la minéralogie, ou premier règne créé. Maintenant nous passerons à la phytologie, ou botanique générale, et là encore notre intelligence découvrira, d'une manière plus frappante, les bienfaits de cet être excellent qui a créé tant de chefs-d'œuvre pour nous en faire jouir. Pure essence, il n'a besoin ni de l'éclat des fleurs ni du chant des oiseaux pour goûter des délices infinies. L'univers est l'œuvre de ses mains, et l'homme, pour lequel il peut tout, ne peut rien pour lui que l'adorer ! Les mondes, comme autant d'échos, répètent ses merveilles, les voix montent, l'encens fume aux pieds du Très-Haut : réjouis-toi, mon ame, l'hymne de la reconnaissance est parti des quatre coins de l'infini ! Dis avec les générations inclinées, avec les mondes à genoux : Béni soit l'éternel, qui avant tout me fait éprouver le besoin de la prière ; béni soit-il lui qui m'a donné tant de richesses, que je ne peux les nombrer ! Béni soit son grand nom ; il est le chemin et la vie ! Je m'agenouille et je le prie : du haut de son trône de gloire, entendra-t-il sa créature? Seigneur, je me sens infiniment petit, le grand concert de l'univers, les végétaux et les animaux parlent du ciel; je ne sais plus dans quels termes dire ma reconnaissance! Hommes, venez, exaltons, tous le nom du Très-Haut, et que nos actions de grâce lui soient comme un parfum d'encens.

DIX-HUITIÈME ENTRETIEN.

Organographie.

LE PRÉCEPTEUR. — Les plantes sont des êtres organisés privés de mouvement et de sensibilité; l'étude qui leur est particulière se nomme botanique.

La botanique se divise en plusieurs parties, savoir : l'organographie, ou description des organes à l'état normal; la pathologie, ou étude des organes malades; la géographie botanique, ou étude des climats sous lesquels se multiplient les plantes. La botanique se divise en appliquée et médicale. La physiologie s'occupe des organes sains et malades ; en commençant par elle, nous parlerons d'abord du tissu.

LOUISE. — Qu'est-ce que le tissu d'une plante ?

LE PRÉCEPTEUR. — L'organe de sa vie ; il est tantôt cellulaire, tantôt fibreux, d'autres fois vasculaire.

LOUISE. — A quoi reconnaît-on le tissu cellulaire ?

LE PRÉCEPTEUR. — A une quantité d'utricules ou cellules, qui d'abord ont une forme sphérique, mais qui prennent ensuite l'aspect dodécaédrique ou à douze faces. On nomme lacunes les espaces de la partie du végétal où le tissu cellulaire a été rompu ; les soudures qui les unissent donnent naissance aux fibres. Le tissu cellulaire existe chez tous les végétaux naissants ; les feuilles, les fleurs, les fruits, les graines, leur doivent presque tous leur origine ; c'est encore lui qui sert à former le tissu fibreux.

GEORGES. — Qu'est-ce que le tissu fibreux ?

LE PRÉCEPTEUR. — Celui qui établit le passage de la cellulosité aux vaisseaux.

LOUISE. — Comment la plante vit-elle ?

Le Précepteur. — Par la racine, la tige et les feuilles ; les autres organes dont elle est pourvue sont destinés à sa reproduction. Les vaisseaux que contiennent les plantes ont deux destinations principales; les uns renferment un liquide nutritif, les autres sont destinés à des gaz propres à la respiration végétale.

Georges. — Quel nom donne-t-on aux vaisseaux qui contiennent ce liquide ?

Le Précepteur. — On les désigne sous le nom de *propres* ; la gomme des sapins émane de semblables cellules. Les trachées sont d'autres vaisseaux formés par une membrane mince et transparente roulée en spirale.

Les plantes, comme les animaux, ont des glandes dont le but est de sécréter un certain liquide particulier du suc qui sert à la nutrition.

Georges. — Combien les plantes ont-elles d'organes élémentaires ?

Le Précepteur.—Six, savoir : 1° la racine, par laquelle elles sont attachées au sol; 2° la tige, qui se balance dans les airs; 3° les feuilles ; 4° le pistil et les étamines, parties destinées à la reproduction ; 5° le ca-

lice et la corolle, organes de protection ;
6° enfin le fruit, qui contient le germe d'une
ou de plusieurs plantes. Il y a, en outre,
dans la composition de chaque végétal, un
grand nombre d'organes qui dépendent de
ceux que je viens de citer.

GEORGES.— La racine, la tige et la feuille
ont-elles des fonctions différentes ?

LE PRÉCEPTEUR.— Toutes trois absorbent
à leur manière, dans la terre, dans l'air,
dans l'eau ; toutes trois servent aux fonctions de nutrition.

GEORGES. — Comment un grain déposé
dans la terre peut-il s'y développer ?

LE PRÉCEPTEUR. — Sous l'influence de
l'air, de l'humidité et de la chaleur.

GEORGES. — Quels sont les organes propres à la reproduction des végétaux ?

LE PRÉCEPTEUR.— Le pistil, l'étamine,
le fruit, la corolle, le calice et d'autres organes analogues. Quand un germe est déposé dans la terre, il se gonfle ; bientôt les
cotylédons s'épanouissent, la racine et la
tige leur succèdent, et pourvoient, à leur
tour, aux besoins du végétal.

GEORGES. — Qu'appelle-t-on la radicule ?

LE PRÉCEPTEUR. — La racine aux premiers jours de sa formation, alors qu'elle n'a point encore de chevelu.

Louise. — La tige a-t-elle aussi un autre nom quand elle est en formation?

Le Précepteur. — On la désigne sous celui de plumule; mais dans ce simple filet il y a le principe des bourgeons qui doivent produire la feuille, comme dans les ovules est le principe de la vie du végétal.

Georges. — Comment cela peut-il être?

Le Précepteur. — Le pollen ou poussière fécondante, après avoir brisé les anthères qui le retenaient captif, se répand sur le stigmate, et la fécondation a lieu.

Georges. — Les anthères sont donc une sorte de prison?

Le Précepteur. — Faites en forme d'outres, ces capsules contiennent les organes mâles des fleurs.

Louise. — Les racines des plantes ont-elles une couleur?

Le Précepteur. — Sans doute; cependant elles ne sont jamais vertes, et affectent plus particulièrement des couleurs sombres. La racine sert de pied à la plante, et contribue, par les sucs qu'elle lui envoie, à son plus grand développement.

GEORGES. — Se compose-t-elle de plusieurs parties ?

LE PRÉCEPTEUR. — Sous le nom de corps elle supporte la plante, tandis que les fibres poreuses qu'elle produit et qu'on nomme chevelu, sont comme autant de tubes par lesquels la nutrition est absorbée.

LOUISE. — La racine ne sert-elle pas souvent d'aliment à l'homme ?

LE PRÉCEPTEUR. — La pomme de terre et la carotte en sont une preuve. Souvent aussi la racine est propre à la médecine, comme la guimauve, le gramen, etc. On donne le nom de pivotante à celle qui creuse sous elle-même, et n'a qu'un seul corps, comme la betterave. On désigne sous le nom de simple, la racine du chêne ; celle qui ne vit qu'une saison est appelée annuelle.

LOUISE. — Tous les végétaux ont-ils une tige ?

LE PRÉCEPTEUR. — Assez généralement ; mais il arrive qu'on la confond avec le collet.

GEORGES. — Qu'est-ce qui constitue le collet ?

Le Précepteur.— La partie de la plante où finit la racine et où commence la tige : l'écorce est comme la peau de la tige, elle recouvre le corps qui en est la partie interne en rapport avec la racine. La tige est souvent réduite à l'état d'herbe ; d'autres fois, au contraire, elle est résistante. C'est par le pied que les feuilles et les fleurs reçoivent les sucs qui les nourrissent.

Georges. — Qu'est-ce que la moelle ?

Le Précepteur. — Une substance molle qui se trouve renfermée au centre du bois, dans un étui appelé canal médullaire ou propre à la moelle.

Louise. — Cette substance a-t-elle une couleur ?

Le Précepteur. — Dans les jeunes pousses, elle est verte; plus tard, elle devient blanche ; mais à tous les âges, elle se répand depuis le collet de la racine jusqu'aux plus petits rameaux, et envoie du centre à la circonférence des lignes divergentes appelées prolongements médullaires.

Louise. — Qu'est-ce que le bois dont se forme le tronc des arbres?

Le Précepteur. — Des couches appliquées contre la moelle qu'elles séparent de l'aubier.

GEORGES. — Et l'aubier, qu'est-il, à son tour?

LE PRÉCEPTEUR. — Un bois tendre et blanchâtre placé entre l'écorce et le corps de l'arbre; c'est une partie qui n'est plus écorce sans être encore bois.

GEORGES. — Ainsi, les arbres croissent régulièrement en grosseur et en hauteur?

LE PRÉCEPTEUR. — Toutes les années, il se forme une nouvelle couche d'aubier, tandis que l'ancienne se convertit en bois, et c'est à ces cercles réguliers, dont chacun se distingue des autres par une légère nuance, qu'on juge de l'âge des arbres quand ils sont abattus. Au-dessus de l'aubier se trouve le liber ou écorce; c'est la troisième enveloppe du bois, ou couche corticale.

GEORGES. — Comment! trois couches?

LE PRÉCEPTEUR. — Sans doute : d'abord l'écorce, puis l'aubier, et enfin le bois.

LOUISE. — Il faut, à ce compte, trois ans à l'écorce pour passer à l'état de bois.

LE PRÉCEPTEUR. — Ajoutons que l'épiderme, pellicule assez ordinairement transparente, recouvre l'écorce, et a pour but de garantir le tronc contre les agents extérieurs qui pourraient lui nuire. Ici, comme partout, se montre la sagesse infinie qui a créé la nature et ce qu'elle contient. Ces phénomènes, nous pouvons, pour ainsi dire, les suivre comme à l'œil ; mais combien ne s'en produit-il pas sans cesse qui échappent à nos observations ? Une graine est déposée dans la terre, plusieurs éléments concourent à la développer ; ses cotylédons nourrissent sa plumule, l'abritent contre l'air extérieur et tombent desséchés dès qu'elle peut se passer de leur appui. Cet aperçu rapide ne suffit-il pas à nous montrer combien sont ingénieux et multiples les moyens que la nature met en œuvre pour produire une seule petite plante ? Mais cette petite plante est un hymne au Très-Haut par les parties qui la composent, par la finesse de ses proportions, par l'harmonie de ses formes. Et si de là nous portons nos regards sur le chêne séculaire, quelle ne sera pas notre admiration, notre reconnaissance ! Ce brin d'herbe, le passereau peut l'emporter dans son nid ; mais le chêne, à combien d'usages ne devra-

?-il pas servir ? Les vaisseaux qui traversent les mers, les maisons qui nous abritent, les meubles qui garnissent nos appartements, le feu qui nous chauffe, le chêne fournit tout cela. Et c'est Dieu qui nous a fourni le chêne! Glorifions son nom, que nos ames s'attachent à lui par la reconnaissance; car, en bon père, il n'a voulu nous lier que par des bienfaits. Nos fautes, il nous les pardonne ; ne disons donc jamais : Il est trop tard. Pour racheter ses torts, pour revenir au bien, il n'est jamais trop tard : Dieu fait grâce jusqu'à la dernière heure au pécheur qui lui crie : Seigneur, me voici, pitié !

— ❦ —

DIX-NEUVIÈME ENTRETIEN.

Organographie. — Des bourgeons.

Le Précepteur. — Nous avons parlé de la tige, occupons-nous maintenant des bourgeons, qui en sont en quelque sorte les appendices, puisque les feuilles s'y trouvent contenues, ainsi que le principe des fleurs et des rameaux.

Louise. — Les bourgeons ne sont-ils pas comme les boutons des plantes, et ne commence-t-on pas à les voir se développer au mois de mars?

Le Précepteur. — En effet, ils sortent à cette époque, et il est merveilleux de voir par quels ingénieux moyens le Créateur les a soustraits aux impressions de l'air, à l'action du froid ou de la pluie.

Louise. — Ils sont donc pour ainsi dire cachés?

Le Précepteur. — Recouverts d'une sorte de résine imperméable, plusieurs ont des écailles nombreuses qui les défendent contre les frimas; d'autres enfin sont abrités par des stipules ou petites folioles.

Georges. — Le bourgeon passe-t-il par plusieurs états?

Le Précepteur. — Lorsqu'il commence à se montrer, on le désigne sous le nom d'œil; plus gros, il devient bouton et reste ainsi tout l'hiver; au printemps, il passe à l'état de bourgeon et tend à se développer pour produire des feuilles. S'il renferme des fleurs, cet embryon est appelé florifère; s'il ne renferme que des feuilles, il est foliifère; s'il renferme les deux, il prend le nom de bourgeon mixte.

Louise. — Le bourgeon ne sert-il pas à la greffe ?

Le Précepteur. — Précisément, et pour cela il suffit d'inciser la plante sur laquelle on le transporte, et de la soustraire au contact de l'air pour qu'il s'identifie avec elle.

Georges. — Quelles sont les fonctions des feuilles ?

Le Précepteur. — Les facultés absorbante, assimilatrice et exhalante, dont elles sont douées, les rendent essentielles à la nutrition.

Les fibres des feuilles sont ce qu'on appelle nervures.

Georges. — Combien y a-t-il de parties dans les feuilles ?

Le Précepteur. — Deux, savoir : le limbe, qui est la feuille proprement dite, et le pétiole ou queue, dont ne sont point pourvues toutes les feuilles.

Louise. — Elles n'ont pas toutes la même forme ?

Le Précepteur. — Les unes sont plates ou convexes, unies ou raboteuses, vertes ou rougeâtres, coriaces ou molles, simples ou composées.

GEORGES. — Quelle est la fonction de la sève?

LE PRÉCEPTEUR. — Elle est le sang du végétal, et porte la vie dans toutes ses parties. Ce que je vous ai dit des propriétés vitales des minéraux se remarque surtout chez les végétaux : l'absorption, l'élaboration et l'assimilation s'y font avec méthode et produisent les phénomènes de respiration et de transpiration.

GEORGES. — Comment les plantes absorbent-elles?

LE PRÉCEPTEUR. — Par les pores dont elles sont pourvues, et dont la principale fonction est d'attirer ou de repousser les fluides aériens qui les entourent.

GEORGES. — Et que deviennent ces fluides?

LE PRÉCEPTEUR. — Mêlés avec la sève, ils sont transportés par elle en tous sens, et successivement élaborés.

GEORGES. — Qu'est-ce que l'élaboration?

LE PRÉCEPTEUR. — L'opération par laquelle la nature prépare et perfectionne graduellement les sucs qui lui sont livrés.

LOUISE. — Pourquoi dit-on de la sève qu'elle est ascendante?

LE PRÉCEPTEUR. — On l'appelle ainsi

quand elle monte; elle est descendante quand elle revient au point d'où elle était partie.

GEORGES. — Si en montant elle nourrit le végétal, que fait-elle en descendant?

LE PRÉCEPTEUR. — Elle produit des sucs particuliers, tels que le lait du figuier, la manne du frêne, la résine des pins, etc.

LOUISE. — J'ai peine à comprendre comment les plantes peuvent respirer.

LE PRÉCEPTEUR. — Pourvues de trachées ou petits vaisseaux qui font l'office des poumons, c'est par ces organes qu'une partie des principes dont l'air atmosphérique se compose, est assimilée.

GEORGES. — Voilà pour la respiration; mais la transpiration?

LE PRÉCEPTEUR. — Dieu a fait de la vie une loi générale commune à tous les êtres organisés; les plantes, comme les animaux, y obéissent, et les parties poreuses des végétaux sont comme autant de bouches par lesquelles s'échappent les gaz ou les liquides qui ne peuvent être assimilés.

GEORGES. — Quelles sont les parties des végétaux les plus propres à la respiration?

LE PRÉCEPTEUR. — Les feuilles. Vous

avez dû remarquer que le matin elles sont chargées de gouttelettes qu'on appelle rosée?

Georges. — Eh bien ! cette rosée?

Le Précepteur. — N'est autre chose que le résultat de la transpiration végétale.

Louise. — Tout cela est admirablement combiné, et je ne sais à quelle merveille m'arrêter le plus, pour louer le nom de Dieu !

Le Précepteur. — Les plantes exhalent encore des fluides qui, mis en contact avec l'air, se condensent ou s'évaporent : la manne, les résines, les gommes, les huiles fixes, l'opium, sont autant de ces produits.

Georges. — Comment s'opère la reproduction végétale?

Le Précepteur. — La racine et la tige concourent ensemble à cette fonction.

Georges. — Lorsqu'on incline une branche en terre, ne devient-elle pas bientôt une plante semblable à celle qui l'a produite?

Le Précepteur. — Oui, et c'est ce qu'on appelle marcotter.

Louise. — On dit souvent d'un végétal

qu'il est venu par bouture. Pourquoi cela?

Le Précepteur. — Parce qu'on a planté en terre une branche qui a poussé. On fait encore produire des tiges aux racines sorties de terre ; la fleur, à son tour, par le fruit qu'elle développe, participe à l'œuvre de la reproduction. Et quoi de plus beau que les fleurs dans leurs nuances variées, quoi de plus suave que le parfum qu'elles exhalent ! Mais disons un mot du pistil et de l'étamine.

Georges. — Qu'est-ce que le pistil?

Le Précepteur. — Un composé de l'ovaire, du style et du stigmate. C'est dans cet organe que les germes ou graines se forment et se développent. L'étamine renferme le pollen, poussière nécessaire au développement des germes que contient le pistil. On appelle fleur mâle celle qui porte l'étamine, et fleur femelle celle qui porte le pistil.

L'ovaire est ovale et cave à l'intérieur. Lorsque l'enveloppe florale le recouvre tout-à-fait, il est infère ou adhérent ; il est libre ou supère, si on l'aperçoit, comme dans l'iris.

La cavité de l'ovaire est simple ou mul-

tiple. On dit qu'il est monosperme , disper-
me , tétrasperme ,etc., s'il porte une , deux
ou quatre graines.

Georges. — Qu'appelle-t-on calice?

Le Précepteur. — L'enveloppe protec-
trice des organes destinés à la fructification;
on lui donne encore le nom de périgone ou
périanthe.

Georges. — Quelle est sa forme?

Le Précepteur.— Composé de plusieurs
sépales ou feuilles, il forme au pistil et aux
étamines un bouclier contre les injures de
l'air.

Louise. — De combien de parties se compose le calice?

Le Précepteur. — De trois : le tube, le
limbe et l'orifice ou gorge. La corolle forme en outre, autour du pistil et des étamines, une couronne qui embellit et pro-
tège sa fleur. Cette partie est monopétale
ou polypétale, c'est-à-dire à un ou plusieurs
pétales.

Georges. — Que comprend la reproduction ?

Le Précepteur. — La déhiscence ou l'é-
panouissement de la fleur , la fécondation
et la fructification.

GEORGES. — Le pollen ne peut-il pas franchir, sur les ailes de l'air, de très-grandes distances?

LE PRÉCEPTEUR. — L'air et l'eau l'emportent souvent à 100 ou 200 lieues.

GEORGES. — Comment a lieu la fructification?

LE PRÉCEPTEUR. — Lorsque la fleur a été fécondée, les pétales se sèchent et tombent, l'ovaire se gonfle, et bientôt se forme le fruit.

GEORGES. — Le fruit est il composé de plusieurs parties?

LE PRÉCEPTEUR. — De deux : le péricarpe ou enveloppe de la graine, et la graine elle-même, dans laquelle est contenu le germe de la nouvelle plante. Il y a des fruits simples, multiples et composés.

GEORGES. — Qu'appelle-t-on fruits simples?

LE PRÉCEPTEUR. — Ceux qui proviennent d'un seul ovaire ou d'une seule fleur, comme la pêche, la cerise, la poire. Les fruits multiples sont ceux qui, renfermés dans une seule fleur, proviennent de plusieurs ovaires. Ceux qu'on appelle composés sont le produit de plusieurs ovaires et de plusieurs fleurs, comme l'ananas.

Dans tout cela, mes enfants, quelle sagesse de plan, quelle harmonie de productions, quelle bonté infinie! Les animaux, en parcourant ces immenses prairies qui servent de fond au tableau de la nature, trouvent sous leurs pieds de gras pâturages; les oiseaux, en voltigeant de branche en branche, cueillent dans nos bois les fruits qui les nourrissent, y bâtissent leurs nids en chantant, et apprennent à l'homme le secret du bonheur. Mais non-seulement la nature est prodigue envers les uns, elle l'est envers les autres, et l'homme, plus que les animaux des champs, plus que les oiseaux des bois, jouit de ses innombrables bienfaits.

Qu'il ne se plaigne donc point s'il souffre, car ce n'est pas Dieu qui a gâté sa position, c'est la société. Tout ce qui peut charmer les yeux, flatter le goût, éveiller l'imagination, émouvoir l'ame, exalter la pensée, Dieu l'a mis à la portée de l'homme; mais il ne sait pas en jouir. Les fruits les plus savoureux, les mets les plus exquis, n'ont pu lui suffire; l'ambition s'est emparée de lui, il veut plus aujourd'hui qu'il ne vou-

lait hier ; demain il voudra plus qu'aujour-
d'hui ; l'orgueil est sa passion, l'argent sa
croyance ! Insensé qui place tout dans un
monde où il n'est que de passage, et qui
laisse étouffer ses plus nobles facultés par un
seul ennemi : l'envie. Tu regardes au-dessus de toi, homme, et quand tu as fait un
pas tu dis : montons encore.

Renonce à cette chimère qu'on appelle
ambition, elle dessèche le cœur. Ne regarde
plus tes semblables comme des obstacles à
ton bonheur, mais vois plutôt en eux des
frères à secourir, des amis à aider. Tends
la main à ceux qui souffrent au-dessous de
toi ; pense aux services que tu peux rendre plus qu'aux biens que tu peux acquérir, et, quel que soit ton rang, tu seras ho-
noré si ta conduite est honorable. Dieu a
créé la nature pour tous, jouis du parfum
de ses fleurs, de la fraîcheur de ses bois, du
murmure de ses eaux, de la chaleur bien-
faisante que le soleil te donne, et si, vers le
soir de ta vie, tu peux te rappeler d'avoir
fait un peu de bien, rends grâces au Seigneur, car tes œuvres te vaudront sa miséricorde :

« Il est plus difficile à un riche de ga-

» gner le royaume du ciel, qu'à un chameau
» de passer par le trou d'une aiguille. »

VINGTIÈME ENTRETIEN.

Classification des plantes.

Le Précepteur. — Le nombre des plantes répandues sur la surface de la terre est aujourd'hui de plus de soixante mille, et il semble impossible de pouvoir les reconnaître toutes; cependant, à l'aide d'une classification simple, on est parvenu à les réunir par familles, ce qui rend facile leur connaissance générale.

Trois systèmes se sont successivement établis, savoir : celui de Tournefort, qui vivait en France vers la fin du dix-septième siècle, celui de Linnée, et enfin celui de Bernard de Jussieu.

Georges. — En quoi consistait le système de Tournefort?

Le Précepteur. — En vingt-deux classes, basées sur la consistance et la grandeur de la tige, la présence ou l'absence de la corolle, l'isolement ou la réunion des fleurs, ainsi que de la corolle monopétale ou polypétale, de sa régularité ou de son ir-régularité.

Le système de Linnée, sans séparer, comme celui de Tournefort, les plantes qui semblent avoir entre elles des analogies, présente souvent de graves difficultés, parce qu'il repose sur l'examen d'organes qui varient. La méthode de Bernard de Jussieu s'écarte tout-à-fait des deux précédentes, et repose sur la considération des caractères généraux de la plante, et de la valeur relative de chacun d'eux, selon l'ordre de la nature. Cette méthode comprend quinze classes déterminées ainsi qu'il suit :

PREMIÈRE CLASSE.

Plantes acotylédonées.

Ce sont celles qui n'ont point de feuilles séminales, comme les lichens, les champignons, les mousses.

DEUXIÈME CLASSE.

Plantes monocotylédonées hypogynes.

Celles dont la corolle et les étamines sont attachées sous le pistil, c'est-à-dire celles dont les fleurs n'ont qu'un seul lobe ou cotylédon, comme les familles des graminées.

TROISIÈME CLASSE.

Monocotylédonées périgynes.

Corolles insérées autour de l'ovaire. Comprenant les familles asparaginées (asperges), et les liliacées ou semblables au lis.

QUATRIÈME CLASSE.

Monocotylédonées épigynes, à étamines insérées sur l'ovaire.

Elle comprend les familles des narcisses, des iridées (iris), des orchidées, à racines fibreuses ou tuberculeuses.

Plantes dicotylédonées ou à deux cotylédons.

CINQUIÈME CLASSE.

A pétales épigynes.

L'aristoloche en est le type.

SIXIÈME CLASSE.

A pétales périgynes.

Famille des thymélées ou lauréoles.

SEPTIÈME CLASSE.

A pétales hypogynes.

Famille des amaranthacées.

HUITIÈME CLASSE.

Monopétales hypogynes.

Famille des plantaginées, ou plantes her-bacées ; des primulacées , ou vivaces par leurs racines ; des labiées, ou à lèvres ; des solanées, ou frutescentes ; des convolvula-cées , ou à cotylédons contournés.

NEUVIÈME CLASSE.

Monopétales périgynes.

Famille des équisétacées.

DIXIÈME CLASSE.

Monopétales épigynes.

Famille des synanthérées.

ONZIÈME CLASSE.

Monopétales épigynes corysanthérées.

Famille des dipsacées, ou à feuilles creu - ses ; des caprifoliacées, ou semblables au chèvrefeuille.

DOUZIÈME CLASSE.

Polypétales épigynes.

Famille des ombellifères ou en ombelles.

TREIZIÈME CLASSE.

Polypétales hypogynes.

Famille des crucifères, ou en forme de croix.

Des violariées.

Des caryophyllées ou herbacées, originaires d'Europe.

Des renonculacées, dont la renoncule est le type.

Des géraniacées, dont le géranium est le type.

Des malvacées, dont la mauve est le type.

Des ampélidées.

QUATORZIÈME CLASSE.

Polypétales périgynes.

Famille des rosacées, des légumineuses.

QUINZIÈME CLASSE.

Diclines irrégulières, dont les organes sexuels ne sont pas sur la même fleur.

Comme nous l'avons pu voir, les plantes se divisent en trois grands embranche-

ments, se rapportant aux dicotylédons, mo-
nocotylédons et acotylédo n

GEORGES.—Quels signes particuliers distinguent les dicotylédons?

LE PRÉCEPTEUR. — Ils ont deux organes
sexuels et la graine visible, comme le haricot; tandis que les organes des monocoty-
lédons forment un tout indivisible en deux
parties, tel est le blé.

Les acotylédons n'ont ni fleur ni feuilles,
comme les mousses.

Dans les dicotylédons, on distingue quelquefois jusqu'à dix graines, et toujours
trois parties bien marquées s'y font reconnaître; soit le canal médullaire, dont je vous
ai déjà parlé, les couches ligneuses et l'é-
corce.

GEORGES.— Comment sont formées les
couches ligneuses?

LE PRÉCEPTEUR. — Par des cônes em-
boîtés et soudés les uns aux autres. Quant
à l'écorce, elle est formée, comme le bois et
l'aubier, par plusieurs couches superposées,
mais très-minces.

GEORGES. — Des trois embranchements
connus, quel est le plus nombreux?

LE PRÉCEPTEUR. — Celui des dicotylé-

dons ; il comprend à lui seul les cinq sixiè-
mes des plantes et se divise en quatre grandes classes : les thalamiflores, les calciflo-
res, les corolliflores et les monochlamydées.

Louise. — Qu'est-ce que les thalamiflores ?

Le Précepteur. — La plus nombreuse
et la plus intéressante branche de la botanique par la variété de ses fleurs ; elle comprend environ cinquante mille familles.

Georges.— Quelles sont les plus remarquables ?

Le Précepteur. — Les renonculacées,
les crucifères, etc., etc.

Louise. — Et les caliciflores ?

Le Précepteur. — Ils forment une variété moins nombreuse, mais utile à l'homme par le parti qu'en tire l'industrie : les
mimosées, les rosacées, les amygdalées, les
fragariées, les rosées, les pomarées, etc.,
font partie de cette classe.

Georges. —Ainsi, fleurs, fruits, légumes,
elle comprend tout ?

Le Précepteur.— C'est l'abondance dis-
tribuée avec cette sagesse qui distingue les
œuvres de Dieu de celles des hommes, et
remarquez bien que non - seulement il a

donné, mais qu'il perpétue la vie, en nous enseignant l'art de faire reproduire les végétaux, chacun selon son espèce.

Georges. — Oui, l'homme plante, il arrose, mais c'est Dieu qui donne l'accroissement.

Louise. — Dans leur ensemble, les corolliflores offrent-ils de belles variétés.

Le Précepteur. — Ils forment environ trente familles, dont font partie les labiées, les boraginées, etc.

Georges. — Que sont les monochlamydées ?

Le Précepteur. — Les plantes dicotylédones, dont le périgone est simple et qui n'ont qu'un calice ; elles sont aussi privées de corolle.

Louise. — Combien comptent-elles de familles ?

Le Précepteur. — Environ vingt-cinq, dont les plus remarquables sont les laurinées, les orticées, les amentacées, etc.

Georges. — Quels sont les caractères des plantes monocotylédones du second embranchement ?

Le Précepteur. — On y découvre des organes bien développés, souvent de brillantes corolles , mais presque point d'arbres ; elles composent dix familles , dont le tableau que vous avez vu donne les noms.

Georges. — Dans le troisième embranchement, quels sont les signes distinctifs des acotylédones ?

Le Précepteur. — Ces plantes sont dépourvues des parties qui constituent la fleur ; ainsi elles n'ont ni calice, ni corolle, ni étamine, ni pistil, souvent même elles n'ont pas de feuilles.

Georges. — En quoi consiste donc leur organisation ?

Le Précepteur. — En une masse de tissu cellulaire privée de nerfs, de muscles et de vaisseaux.

Georges. — Comment alors peuvent-elles vivre ?

Le Précepteur. — Par une de ces lois mystérieuses que Dieu a multipliées dans le système de la création. On distingue dans les plantes une racine cachée et une tige apparente.

Georges. — La tige n'offre-t-elle rien de particulier ?

Le Précepteur. — A sa surface se trouvent de petites boîtes ou sparanges, et des spores ou sémicules, dont chaque partie peut devenir tige à son tour. Les végétaux de cette classe sont les plus difficiles à connaître; on les désigne par les noms de cryptogames et amphigames.

Louise. — Comment se divisent les cryptogames?

Le Précepteur. — En six familles, dont les fougères font partie.

Georges. — Et les amphigames?

Le Précepteur. — Ils ne comprennent que trois familles, savoir : les lichens, les fougères et les algues.

Georges. — Cette classification des plantes, d'après le système de Jussieu, paraît en effet fort simple, quoique traitant de choses compliquées.

Le Précepteur. — Rien n'est, il est vrai, plus compliqué que le règne végétal, par la multiplicité infinie de ses produits et par la variété des organes qui le composent. La vie est là sous tous ses aspects, et le végétal sommeille, respire, croît, se fortifie, se meut comme tout ce qui, dans la nature, parcourt une période d'existence. Avec quelle suavité se répand au matin le parrum de la rose! comme la fraise a plus de saveur quand la nuit a passé sur sa tige et lui a donné le repos! Ce n'est pas pour inviter seulement l'homme au sommeil que l'astre du jour disparaît à la fin de sa course; la nature entière est invitée par lui à s'y livrer, et si le cours des eaux n'est point interrompu, c'est qu'elles sont pour nous le symbole du mouvement perpétuel qui se produit aux pôles. Vous qui ne savez pas tomber à genoux devant les merveilles de la nature, suivez un seul jour non l'histoire d'un rosier, mais l'histoire d'une rose, et dites-moi quel poète a jamais raconté une aussi magnifique épopée? L'aurore commence à dorer le ciel, le soleil n'a pas encore bu la rosée, la fleur, en boutons la veille, s'épanouit dès le matin, et des milliers d'insectes bourdonnants viennent la saluer de leurs hommages! Le léger papillon l'effleure de son aile, l'abeille boit à son calice comme vous aux coupes dorées. Mais bientôt une main coupe la rose pour respirer son parfum, pour admirer ses couleurs et la rendre le soir, desséchée, à l'avide distillateur qui met en bocal son essence. Le bouton, la fleur, tout a passé, et cepen-

dant en un jour que de triomphes! Ornement de nos jardins, la rose s'est vue ad-
mirée jusqu'au dernier souffle de sa vie,
elle a brillé, la coquette, comme brillent
tant de femmes dont le règne n'a qu'une
aurore ; elle a brillé, puis s'est éteinte ;
mais il est resté d'elle un doux souvenir, et
son parfum lui a survécu! Vous, jeunes
gens, qui, comme la rose, naissez à la vie,
soyez comme elle dignes d'hommages jusqu'à la fin ; brillez, par vos vertus, de l'éclat
le plus pur, méprisez la vanité, et un jour
vous serez pour vos fils ce que la rose fut
pour l'abeille : une mère riche en largesses.
Jeune fille, vous surtout, vivez et croissez
à l'ombre des bons exemples, et si le vent de
l'adversité vous emporte dans son tourbil-
lon, il restera de vous un doux souvenir et
comme un parfum de vertu. Oh! puisse le
Dieu trois fois saint vous encourager, mes
enfants, et, comme le dit Salomon : « Il y
aura de la joie dans vos familles à cause de
vous, » car : « Le père du juste tressaille
d'allégresse ! »

VINGT-UNIÈME ENTRETIEN.

Blé. — Vin. — Pommes-de-terre. — Sucre.

LE PRÉCEPTEUR. — Nous avons examiné ensemble le système général de la vie des végétaux, jetons maintenant un coup d'œil rapide sur l'utilité dont la plupart d'entre eux sont pour l'homme en particulier, et pour le règne animal en général.

L'hiver a pris son manteau, la feuille desséchée est tombée, l'aquilon souffle, le soleil ne se montre qu'à de rares intervalles, la nature dépouillée ressemble à une veuve désolée, les frimas règnent. Pendant ce temps, que fait le laboureur ? Où passe le soc de sa charrue ? Les récoltes sont dans les granges, les grains sont battus ; se reposera-t-il ? Non ; il ensemencera, il fumera son champ, et Dieu fera pousser la graine.

Le printemps se réveille enfin, la nature a pris son repos, la sève circule, la terre change d'aspect, les champs se couvrent de semailles. Un grain de blé avait été déposé dans le sillon, un épi s'élève qui en rend mille : Dieu multiplie ainsi toutes choses. Ce grain, passé au moulin, produit la farine, et la farine, à son tour, donne le pain quo-

tidien que le fils avait pour nous demandé
au père. Mais la vigne est encore un second
bienfait aussi étonnant que le premier;
source de richesse pour le commerce, son
fruit, pris avec modération, fortifie le corps;
il n'y a que l'abus qui puisse devenir
nuisible. On plante un simple bourgeon de
vigne, il pousse bientôt une tige, la feuille
se développe, le pied grandit, trois ans
après le cep est en plein rapport. Que de
bras employés au mois de septembre pour
couper ces grappes fleuries, que de vases
disposés à les recevoir! Ici on cueille, là on
transporte, ailleurs on presse, et le vin,
coulant en fontaines abondantes, va remplir
les tonneaux où bientôt il opère son travail
de fermentation. Tout cela s'appelle la ven-
dange.

Louise. — On tire encore l'esprit de vin
du fruit de la vigne?

Le Précepteur. — Oui, la distillation,
qui n'est qu'une décomposition chimique,
fait rendre au raisin tout ce qu'il contient
d'alcool; vous savez quel parti le commerce
tire ensuite de ce liquide spiritueux pour
des préparations composées ou même pour
des boissons falsifiées.

Georges. — N'obtient-on pas d'autres substances des boissons spiritueuses ?

Le Précepteur. — La pomme de terre et le sucre en fournissent.

Louise. — La pomme de terre n'est-elle pas, comme on dit, l'amie des pauvres ?

Le Précepteur. — Elle est l'amie de tous, et rend vingt fois ce qu'on lui donne.

Louise. — Comment cela ?

Le Précepteur. — Il suffit, pour faire reproduire ce tubercule, d'en déposer un seul morceau dans la terre pour obtenir dix, quinze, vingt fruits du même pied.

Georges. — Y a-t-il longtemps que ce légume est connu en France ?

Le Précepteur. — Environ un demi-siècle.

Louise. — Qui l'y a introduit ?

Le Précepteur. — Le baron Parmentier. De là lui est venu le nom de Parmentière, changé depuis en celui de pomme de terre.

Louise. — Ne peut-on pas faire de la fécule avec ce produit ?

Le Précepteur. — On l'obtient sans peine ; mais, par l'utilité dont elle est pour la nourriture du bétail, la pomme de terre s'emploie surtout dans son état naturel, et sert de pain au plus grand nombre de ménages pauvres en Europe. Dans l'Inde on la désigne sous le nom de patate.

GEORGES. — Dans certains cas les graminées en usage ne remplacent-elles pas la pomme de terre?

LE PRÉCEPTEUR. — Comme elle, elles ont pour but de fournir une nutrition abondante; il y a même plusieurs parties du globe, notamment en Chine, où le riz est substitué au froment, parce qu'il est très-abondant.

LOUISE. — Le sucre, dont on fait si grand cas, n'a pas l'utilité du blé ni de la pomme de terre?

LE PRÉCEPTEUR. — Il est d'un usage moins général, mais il est presque indispensable.

GEORGES. — D'où le tire-t-on?

LE PRÉCEPTEUR. — De la moelle d'une canne qui n'a guère qu'un mètre de hauteur, et que l'on cultive dans l'Inde comme dans toutes les parties de la zône torride.

LOUISE. — Comment le sucre s'extrait-il des cannes!

LE PRÉCEPTEUR. — En les broyant sous le moulin lorsqu'elles sont mûres. Le suc obtenu, on le fait bouillir jusqu'à quatre fois pour l'empêcher de fermenter.

Georges. — Est-ce qu'on emploie pour ces préparations des vases différents?

Le Précepteur. — On en change à chaque ébullition, et sans cesse on écume le sucre pour le purifier.

Louise. — Est-ce tout?

Le Précepteur. — Il faut encore saturer ou absorber par de la chaux les acides contenus dans le liquide en préparation.

Georges. — Quand le sucre est-il obtenu?

Le Précepteur. — L'évaporation entière du sirop le donne en cassonade brute qu'on raffine ensuite dans les divers pays où elle est exportée.

Louise. — Par quel moyen purifie-t-on le sucre?

Le Précepteur. — Par le charbon animal mêlé à la cassonade fondue. Le liquide ainsi préparé, les écumes sont enlevées, le charbon se précipite au fond de la chaudière, et, versée dans des vases coniques, la matière épurée y prend la forme des pains de sucre.

Louise. — Que fait-on du résidu des sucres épurés?

Le Précepteur. — Il fournit le sirop connu sous le nom de mélasse.

Georges. — Je croyais le procédé de préparation plus compliqué pour une substance d'un goût aussi agréable, d'une blancheur aussi parfaite.

Le Précepteur. — Vous pourriez dire d'une utilité aussi générale, car il n'est guère de ménages où le sucre ne soit employé. Auxiliaire indispensable du thé, du café, du chocolat, il vient en aide à diverses préparations, aux sirops, aux pâtes adoucissantes, aux bonbonneries, et s'utilise avec avantage dans un grand nombre de mets.

Ici ne voyez pas seulement le travail de l'homme, mais remontez à la source d'où découlent pour lui tant de jouissances. Une simple canne, un roseau, contient le sucre dont se nourrit la sensualité, et ce roseau, c'est Dieu qui l'a donné. Malade ou bien portant, l'homme doit à ce produit les jouissances les plus variées, et cependant remercie-t-il Dieu pour tant de choses ? La main de la Providence a dispensé ses dons sans partialité ; et deux natures d'hommes existent encore, l'une pour jouir, l'autre pour souffrir! Dans l'Inde, l'esclave sème la canne et récolte le fruit; le maître en touche le produit et se l'approprie; Dieu a-t-il voulu cela? L'homme est-il fait pour asservir l'homme quand il se dit chrétien et religieux? Jésus, qui reconnut la puissance de César, sanctionna l'ordre hiérarchique des rangs et des pouvoirs, mais, dans aucun cas, ce divin maître ne reconnut l'esclavage, et ses fidèles s'appelaient affranchis. Pourquoi serions-nous humiliés si nous sommes d'une naissance obscure? Le fils de l'homme ne naquit point sous des lambris dorés; une simple crèche le reçut, de modestes bergers l'adorèrent, des pêcheurs furent ses disciples, et lui-même ne craignit point de manger avec des péagers. Touchant et grand exemple, que notre raison ne suit pas, que notre orgueil dédaigne, et qui parle pourtant de toute l'autorité de la vie d'un Dieu. Ah! ne crions point : Seigneur! Seigneur! si nous ne revêtons d'autres pensées, car pour honorer le père, il faut d'abord être digne du fils!

VINGT-DEUXIÈME ENTRETIEN.

Thé. — Café. — Poivre. — Cacao. — Coton , etc., etc.

LE PRÉCEPTEUR. — Les végétaux dont l'homme se nourrit pourraient être rangés en trois classes, savoir : ceux d'utilité populaire, comme le haricot, la pomme de terre, etc. ; les végétaux de luxe, tels que le thé, le café, le cacao, etc. ; enfin les fruits, que leur abondance et leur variété mettent à la portée de tous. Nous avons parlé dans le précédent entretien des végétaux de la première classe ; nous examinerons ceux de la seconde, et nous commencerons par le thé.

LOUISE. — Où le récolte-t-on ?

LE PRÉCEPTEUR.—En Asie, mais plus particulièrement en Chine, dont il est la principale industrie.

GEORGES.—La récolte du thé exige-t-elle de grands soins ?

LE PRÉCEPTEUR. — Non, elle s'obtient dans le printemps, par la pousse des plus jeunes feuilles de l'arbrisseau qui le produit. On cueille jusqu'à trois fois de suite les feuilles du thé.

Louise. — Quel est l'aspect de ces feuilles?

Le Précepteur. — Elles sont plus longues que larges, pointues par le bout et dentelées. Dès qu'on les a cueillies, on les fait sécher soit au feu, soit au soleil. Le thé impérial est celui qui s'obtient de la première récolte; il vient peu en Europe.

Georges. — Quel est le thé le plus estimé en France.

Le précepteur. — Celui qu'on appelle vert et qui est séché au four. En Angleterre, en Hollande, en Suisse, on fait une grande consommation de thé en infusion; cet usage semble même gagner en France, quoique, par son principe irritant, le thé convienne peu aux tempéraments français.

Louise. — Le café nous est-il plus favorable?

Le Précepteur. — Du moins, nous nous y accoutumons volontiers.

Georges. — Comment vient-il?

Le précepteur. — C'est la fève d'un fruit assez semblable à la cerise; on le récolte dans tous les pays chauds, tels que la Martinique, l'île Bourbon, etc.

Louise. — Quel procédé emploie-t-on pour obtenir la fève du café?

Le Précepteur. — On laisse sécher le fruit au soleil, puis on l'écrase pour en faire sortir la graine qui se trouve alors partagée. Cela fait, on l'expose de nouveau au soleil, on la met dans des sacs et on l'expédie en tous pays. Le café ne doit être que torréfié pour conserver le parfum qui en fait tout le prix.

C'est une boisson excitante que l'usage a fort accréditée, et qu'on sert à la fin des diners.

Georges. — Le cacao ne sert il pas à fabriquer le chocolat?

Le Précepteur. — C'est avec les amandes de son fruit, unies au sucre, qu'on forme la pâte de ce mélange.

Louise. — Le cacaotier est donc un amandier?

Le Précepteur. — Non, le fruit qu'il produit ressemble à une sorte de melon, dans lequel sont contenues les amandes.

Louise. — Pour composer le chocolat, il faut sans doute peler les amandes?

Le Précepteur. — On les passe au feu

d'abord, puis on les écrase avec du sucre pour en former une pâte très-fine.

Et remarquez comment les productions d'un pays sont toujours en raison de son climat aussi bien que des besoins de ses habitants. C'est ainsi que de l'Asie nous viennent le poivre, le rhum, la cannelle, les girofles, le piment, etc., etc. L'Espagne, au contraire, nous envoie des oranges, des citrons et des fruits secs en abondance.

Georges. — Mais comment se rafraîchissent les peuples des climats chauds?

Le Précepteur. — Par des boissons spiritueuses qui n'excitent pas à la transpiration, comme l'orangeade et l'orgeat. Par exemple, il est reconnu qu'un peu de rhum étendu dans de l'eau désaltère plus qu'un verre de limonade.

Louise. — D'où vient la cannelle?

Le Précepteur. — De l'île de Ceylan; c'est l'écorce intérieure d'un petit laurier. Le poivre, au contraire, est le fruit d'une sorte de groseiller dont le pied est fort noueux et dont le fruit se présente par grappes de 25 à 30 grains.

La datte, l'ananas, sont encore des fruits exotiques très-estimés; mais c'est particulièrement des fruits indigènes que nous avons à nous occuper, car là se trouve surtout pour nous la preuve des grâces qui nous sont accordées. En parcourant un verger, il est impossible de ne pas étudier, dans leur diversité, les nombreuses espèces de fruits qu'il réunit et qui, tous, mûrissent en leur temps. Ici, le cerisier couronne nos têtes et nous tend, pour ainsi dire, son fruit ; là, il suffit de baisser la main pour cueillir la groseille si rafraîchissante. Les fruits rouges, la fraise, la framboise, la cerise, etc., viennent au printemps, et, par leur saveur, excitent notre appétit. Ont-ils disparu ? à ce moment où l'épi se dore, où le soleil a plus de chaleur, les fruits à gros noyaux et ceux à pepins brillent de tout leur éclat. L'abricot, la poire, se colorent comme se sont colorés les épis ; la pêche se couvre d'un léger duvet, et le raisin, par ses nuances bien tranchées, indique le passage d'une saison à une autre.

Examinons-nous le marron et son enveloppe résistante lui servant d'abri contre les frimas ? il est encore pour nous un emblème de la sollicitude constante du

Créateur. Dans quel but tant de précau-
tions, pour qui tant de bienfaits? pour
nous, toujours pour nous. Depuis la fraise,
née avec le printemps, jusqu'à la noix que
sa coquille tient prisonnière, tout ce qui
pare nos vergers, tout ce qui embellit nos
champs, Dieu l'a créé pour notre usage!
L'olive qui nous donne son huile, le co-
tonnier dont les Indes nous envoient le
produit, le lin qui se réduit en fils déliés,
tout ce qui nous nourrit, nous abrite,
nous chauffe, nous désaltère ou nous vêtit,
tout cela, qui d'abord nous en a rendus
maîtres, sinon celui qui fut et qui sera
jusqu'à la fin des siècles! Au printemps, sa
bonté fait pousser des fruits acidulés pour
tempérer l'effervescence de nos sens; en
été, il nous donne des fruits fondants pour
nous désaltérer ; en automne, il nous offre
des cordiaux ; en hiver, il nous procure
une alimentation plus substantielle ; et
chaque jour du mois comme chaque année
de la vie, la même Providence veille sur
nous avec amour. Amour de père pour ses
enfants, de créateur pour sa créature,
amour pour tous, s'étendant partout ! Et,
pour tant de bontés, que rendons-nous à

ce tendre père? Il n'a pas besoin de nos hommages, mais ne devons-nous pas lui rendre grâce pour les biens dont il nous a comblés, et le prier pour ceux que nous attendons encore? O mon ame! élève-toi jusqu'aux pieds du saint des saints, unis ta voix au concert universel que lui donne la nature, et répète jusqu'à la fin : « Que le nom du Seigneur soit béni maintenant et dans tous les siècles. » (*Ps.* cxii, v. 2.)

VINGT-TROISIÈME ENTRETIEN.

Bois et forêts.

LE PRÉCEPTEUR. — Partout où l'homme a marqué son passage, l'industrie s'est créé des débouchés, et l'une de ses grandes richesses est celle que lui procure l'exploitation des bois et des forêts. Là, il ne sème ni ne fume, les forêts portent en elles-mêmes l'engrais qui les nourrit, l'eau qui les désaltère. Peuplades immenses d'êtres diversement organisés, par la quantité d'organes respiratoires dont elles sont douées, il leur est donné d'attirer ou de repousser avec une grande puissance les fluides qui leur sont nécessaires ou nuisibles. Que la coignée élague leurs branchages ou abatte des troncs çà et là, le vent emportera bientôt les graines échappées aux fleurs, et d'autres germes, confiés à la terre, produiront de nouveaux arbrisseaux.

Georges. — Les forêts craignent-elles le froid?

Le Précepteur. — Non, car les plus étendues se trouvent dans les pays du Nord.

Georges. — Les arbres absorbent donc le calorique?

Le Précepteur. — Sans doute, et cela s'explique volontiers par la pente inclinée des feuilles, qui leur permet de réfléchir les rayons du soleil; mais si elles attirent la chaleur, les forêts pompent aussi les moindres vapeurs, et souvent on voit les nuages s'y abattre sans que leurs eaux soient tombées en pluie. Une vaste forêt est comme une pompe aspirante.

Georges. — N'existe-t-il aucune différence entre les forêts du Nord et celles du Midi?

Le Précepteur. — Les rameaux des premières réfléchissent les rayons solaires;

les autres, par la largeur de leurs feuilles, disposées horizontalement, produisent de grandes ombres sans réflection d'aucune chaleur.

Louise. — Élague-t-on souvent les arbres des forêts?

Le Précepteur. — On le fait par calcul et par utilité. Par calcul, afin d'en tirer profit; par utilité, en vue de dissiper l'humidité que procure une grande quantité d'arbres.

Georges. — Ces coupes de forêts n'ont-elles aucun inconvénient?

Le Précepteur. — Dans le Nord elles détruisent l'humidité, mais elles ajoutent à l'intensité du froid. Dans le Midi, elles accroissent au contraire le degré de chaleur; ainsi, dans tous les cas, on peut les considérer comme favorables aux localités.

Georges. — Quelle différence établit-on entre les bois et les forêts?

Le Précepteur. — En général ces dernières sont situées sur des terrains plus élevés et d'une plus grande étendue.

Georges. — Il est donc indispensable de les conserver?

Le Précepteur. — On le doit, non-seulement parce qu'elles attirent l'humidité de l'air, mais encore parce qu'elles portent au loin leurs feuilles desséchées qui sont un excellent engrais ; on le doit, enfin, parce qu'elles garantissent les récoltes contre les désastres des coups de vents.

Louise. — Mais si les forêts contiennent tant d'humidité, on trouve sans doute des sources dans leurs environs.

Le Précepteur. — Bernardin de Saint-Pierre dit que les forêts de la Guyane attirent une si prodigieuse quantité d'eau, que ses habitants, pour éviter les inondations, sont obligés d'établir, pendant six mois, leurs demeures au sommet des arbres.

Georges. — Combien faut-il laisser écouler de temps avant d'exploiter une forêt ?

Le Précepteur. — Toutes sont de formations si anciennes, qu'on ne peut rien préciser de parfaitement juste ; cependant tous les vingt ans on fait des coupes générales de bois, et tous les cent ans on a vu se renouveler l'ensemble de ces masses gigantesques dont on extrait le bois de construction et de chauffage.

Louise. — Le chêne, l'acajou, le bouleau

et le cerisier ne sont-ils pas employés pour l'ébénisterie ?

Le Précepteur. — Tous les bois ont leur utilité : le chêne, par sa dureté, sert à la construction des charpentes et des navires ; le sapin, d'un travail plus facile et d'un moins grand poids, sert à la fabrication des caisses et des meubles dits en bois blanc.

Georges. — Ne l'emploie-t-on pas aussi pour les mâts de vaisseaux ?

Le Précepteur. — Son tronc, parfaitement droit, le rend propre à cet usage ; la Russie et la Norwège fournissent des sapins dont nos mâts les plus élevés n'atteignent pas même la moitié de la hauteur. Mais le bois est surtout utile comme combustible, et, sous ce rapport, nous ne saurions trop admirer la sagesse divine qui en a si abondamment pourvu la nature. Par les immenses forêts primitives que la terre a gardées dans son sein durant un temps immesuré, la houille nous est aujourd'hui un combustible précieux. Par les coupes de bois qui se font sans cesse de l'un à l'autre bout du monde, le charbon à l'usage de nos cuisines est obtenu, et nos foyers sont alimentés. Le bois, on peut le dire, est l'auxiliaire obligé de nos travaux, quel que soit d'ailleurs le degré de chaleur que nous envoie l'astre du jour. La chaux qui nous permet d'élever de solides édifices, les métaux que nous fondons pour les façonner à tant d'usages, les mets qui fournissent à notre nourriture, tout cela nous le devons au bois sans lequel l'industrie ne serait qu'une théorie. Le soleil, par la révolution annuelle que la terre accomplit autour de lui, ne nous donne pas constamment le même degré de chaleur ; les saisons diffèrent entre elles, et rien n'est plus opposé à l'hiver que l'été ; mais quand la terre perd le calorique répandu à sa surface, quand les froids se font sentir, le bois alors nous est une ressource, et Dieu l'a tellement multiplié, que la production dépasse la consommation dans une mesure immense. Le Père céleste, avant de créer l'homme, créa ce qui, dans la durée des siècles, devrait servir à son usage. Rien ne fut inspiré à ce divin maître par la nécessité du moment ; il prévint les besoins de la nature humaine, parce qu'il les avait prévus ! Admirable sollicitude, bonté qui ne peut appartenir qu'à cette intelligence

de qui il a été dit « que sa justice est éternelle. » Créateur et rédempteur de l'humanité, que nos regards se tournent donc vers
lui ; honorons-le comme un tendre père,
adorons-le comme Dieu, et que les rayons
de sa gloire resplendissent jusqu'à nous !
Source de toute paix, éternelle justice,
consacrons-lui nos cœurs, il nous a tant
aimés !

— ❧ —

VINGT-QUATRIÈME ENTRETIEN.

Imprégnation du bois d'après les procédés du docteur
Boucherie.

LE PRÉCEPTEUR. — Nous avons, s'il vous
en souvient, comparé la sève des végétaux au sang du système animal. Le mouvement propre à cette substance justifie
notre comparaison. Certaines plantes, par
un de ces effets dont la cause a été longtemps inconnue, offrent dans leurs tiges
des variétés de nuances d'un caractère particulier. Quelle substance en dissolution les
pénètre, quelle matière colorante circule
avec leur sève ? La science cherchait ; après
de nombreux essais, le docteur Boucherie,

de Bordeaux, a donné la solution du problème, et l'imprégnation des bois s'obtient désormais artificiellement.

GEORGES. — Par quel procédé est-on arrivé à de tels résultats?

LE PRÉCEPTEUR. — En introduisant dans le tissu des bois des substances propres à leur amélioration. Les plantes, par cela seul qu'elles vivent, ont leur état normal ou de santé, et leur état anormal ou de maladie. La carie, la pourriture et les insectes, sont les trois ennemis reconnus du règne végétal ; le meilleur agronome est celui qui vient à bout de les vaincre. Par ses procédés d'imprégnation, M. Boucherie s'est rendu maître de ces obstacles, et, tout en préservant les bois des maladies auxquelles ils sont ordinairement sujets, il leur donne la dureté, la flexibilité et l'incombustibilité qui ajoutent à leur prix.

GEORGES. — Parvient-il à changer leur couleur naturelle?

LE PRÉCEPTEUR. — A tel point que les nuances de ces bois sont indestructibles parce qu'elles pénètrent dans le corps par le tissu.

GEORGES.—Les substances odorantes peuvent-elles être introduites de la même manière dans le bois d'un végétal ?

Le Précepteur. — Sans nul doute, et la force aspiratrice dont il est doué suffit seule à livrer au tissu les substances étrangères qu'on place dans de certaines conditions d'absorption.

Georges. — A l'aide de quel procédé s'opère l'imprégnation ?

Le Précepteur. — Pour les arbres sur pied et en plein rapport, il suffit de pratiquer à la base du tronc une cavité pouvant être en contact avec le liquide, et l'imprégnation a lieu. L'incision faite au pied de l'arbre tient alors lieu de bouche ; tout ce qui s'en approche y passe, et c'est ainsi que la dissolution est absorbée.

Louise. — Il doit falloir un certain temps pour pénétrer le bois ?

Le Précepteur. — Quelques jours suffisent.

Georges. — Ne peut-on opérer que sur des arbres verts ?

Le Précepteur. — On regarde au contraire comme plus facile d'imprégner des sujets abattus.

GEORGES. — Le procédé est-il le même dans tous les cas?

LE PRÉCEPTEUR. — Voici comment on agit pour le bois à couper. Les branches inutiles sont élaguées, bientôt l'arbre tombe lui-même, et, dans cet état, il est mis, par le pied, en rapport avec le liquide destiné à l'absorption.

LOUISE. — Que se passe-t-il! alors?

LE PRÉCEPTEUR. — Le liquide pénètre dans toutes les parties du végétal et l'imprègne diversement.

GEORGES. — Comment un arbre abattu peut-il être pénétré?

LE PRÉCEPTEUR. — Parce qu'on laisse à son sommet un bouquet de feuillage propre à déterminer l'absorption. Le docteur Boucherie introduit encore la substance colorante par la partie supérieure de la tige, en plaçant le liquide dans une sorte d'entonnoir dont l'arbre forme le fond. Par ce moyen il s'opère, à travers le tissu, une véritable filtration qui chasse la sève par les parties inférieures du végétal.

GEORGES.—Quelle est la substance propre à l'imprégnation des bois?

LE PRÉCEPTEUR. — Toutes les substances

solubles peuvent servir à cet usage ; mais pour ajouter à la dureté du sujet, en même temps que pour le soustraire à la carie sèche ou humide qui peut l'atteindre, M. Boucherie emploie du pyrolignite de fer brut, sel tiré de l'acide pyroligneux qu'on obtient dans les forêts par la fabrication du charbon. Mis en contact avec de la ferraille, cet acide se transforme en pyrolignite de fer, et, chargé de créosote, dont la propriété durcit le bois, il le garantit contre les dégâts des insectes.

Georges. — Par ces imprégnations l'empêche-t-on de travailler?

Le Précepteur. — L'eau mère des marais salants a particulièrement cet effet ; les troncs qu'elle imprègne peuvent être sciés en feuilles très-minces sans se voiler. Pour l'ébénisterie et l'ornement d'architecture, on peut tirer un grand parti de la découverte du docteur Boucherie.

Louise. — Si on rend les bois incombustibles, on n'aura plus à redouter les incendies?

Le Précepteur. — Ils seront du moins plus rares et moins dangereux. M. Arago prétend même qu'on pourra faire des cuirasses en bois préparé, plus légères et plus convenables que les cuirasses en métal.

Georges. — Peut-on donner plusieurs nuances au bois?

Le Précepteur. — Il suffit pour cela de faire pénétrer successivement divers liquides colorants dans le tissu. En faisant succéder à l'absorption du pyrolignite celle d'une matière tannante, on donne au corps du bois les couleurs les plus variées. Le prussiate de potasse, aspiré par le végétal après le pyrolignite, produit la couleur bleue. L'acétate de plomb et le chromate de potasse imprègnent le bois en jaune; enfin, le même pied peut-être nuancé de vert, de jaune, de noir, etc., etc.

Georges. — Voilà pour les couleurs; mais comment donne-t-on les odeurs?

Le Précepteur. — Par le même procédé. Et dans ceci, mes amis, ce qui doit nous frapper, c'est que Dieu fait produire aux bois même l'acide constitutif de toute imprégnation. Il y a donc dans ce progrès de la science, le principe d'une loi providentielle à jamais existante, dont l'homme n'avait pas su, jusqu'à ce jour, comprendre le sens. A-t-il fallu des préparations composées, des procédés dispendieux pour arriver à ces ingénieuses découvertes? Non , celui qui peut tout pèse dans la même balance l'utilité des choses et leur possibilité. Rien de disproportionné n'existe dans ses lois, et quand il permet à l'homme de faire une nouvelle découverte, c'est que, d'avance, il mesure, dans les limites de l'utile, l'espace qu'elle doit parcourir. Honneur à l'initié qui pénètre ainsi dans les secrets de la Providence; honneur à la nation qui produit de grands savants et d'illustres artistes ; mais plus honneur, cent fois, au peuple qui, rapportant tout à son Dieu, s'élève par la pensée au-dessus des plus hautes intelligences, et prépare dès ici-bas la glorieuse destinée qu'il doit accomplir dans le Ciel !

VINGT-CINQUIÈME ENTRETIEN.

RÈGNE ANIMAL.

Mollusques.

LE PRÉCEPTEUR. — Pour procéder comme la nature, nous passerons du règne végétal au règne animal, et, en suivant la loi du progrès, qui est la loi divine, nous prendrons, dans l'échelle des êtres nés au sein des eaux, ceux dont l'organisation simplifiée semble remonter aux temps primitifs de la création.

GEORGES. — Dieu a-t-il eu pour eux moins de sollicitude?

LE PRÉCEPTEUR. — Plus ils sont privés des organes qui rendent faciles les mouvements de la locomotion, plus sa bonté s'est directement manifestée à leur égard en mettant à leur portée la nourriture qu'ils ne peuvent aller chercher.

GEORGES. — D'où vient le nom de mollusques?

LE PRÉCEPTEUR. — De la nature molle de l'animal.

LOUISE. — N'est-il pas revêtu d'une coquille?

LE PRÉCEPTEUR. — Oui, dans la plupart des cas, et alors il trouve dans cette boîte osseuse un abri contre les dangers auxquels l'exposerait sa faiblesse.

GEORGES. — Comment se forme la coquille des mollusques?

LE PRÉCEPTEUR. — C'est un composé de calcaire résultant de la combinaison de certaines matières produites par l'animal même, et constituant, sans sa participation, l'enveloppe qui le recouvre.

Georges. — Le règne minéral semble être de moitié dans l'existence de ces êtres.

Le Précepteur. — C'est pour cette raison que j'ai commencé l'étude du règne animal par la transition qui sert comme de moyen terme au passage des deux règnes.

Georges. — Les coquillages des mollusques ne sont-ils pas très-variés?

Le Précepteur. — A ce point qu'on en a fait une branche spéciale de la science sous le nom de conchiologie, ou étude des coquillages. Lorsque les coquilles sont formées d'une seule pièce ou valve, on dit qu'elles sont *univalves*. Quand elles forment une boîte, ayant sa charnière mobile, on leur donne le nom de *bivalves*. Les multivalves se composent de plusieurs pièces ou valves.

Louise. — Toutes les coquilles sont-elles formées dans la mer?

Le Précepteur. — Non, il y en a dans les eaux douces, et on en trouve même sur la terre, telles que l'escargot.

GEORGES. — Les mollusques ont-ils des yeux ?

LE PRÉCEPTEUR. — Quelques espèces terrestres en sont pourvues, mais cet organe est très-imparfait, tandis que la sensation se produit très-vive chez eux.

LOUISE. — Forment-ils plusieurs classes ?

LE PRÉCEPTEUR. — On les a divisées en six, dont les principales sont les céphalopodes, les gastéropodes et les acéphales.

GEORGES. — Quelles particularités distinguent les céphalopodes ?

LE PRÉCEPTEUR. — Ces mollusques ont la tête arrondie et garnie d'appendices en forme de suçoirs, à l'aide desquels ils saisissent leur proie, nagent ou rampent. Leurs yeux sont ronds et grands, leurs oreilles ont quelque ressemblance avec celles des poissons ; ils sont, en outre, pourvus de deux mâchoires cornées, et respirent à l'aide de branchies.

LOUISE. — Et les gastéropodes ?

LE PRÉCEPTEUR. — On les a ainsi nommés parce qu'ils rampent sur un pied charnu. Ces mollusques sont tous univalves. Les acéphales, au contraire, sont bivalves.

Georges. — Est-ce que leur coquille est fermée ?

Le Précepteur. — Elle est ouverte pour laisser pénétrer jusqu'aux branchies de l'animal la nourriture que les eaux lui apportent ; le danger seul la lui fait refermer et tenir serrée.

Georges. — L'ordre des céphalopodes est-il nombreux ?

Le Précepteur. — Il comprend le *poulpe*, mollusque très-dangereux pour les autres poissons ;

L'*argonaute* ou *nautile*, auquel sa coquille sert de barque ;

La *sèche* et le calmar, qui fournissent l'un et l'autre la teinture de sépia.

Georges. — D'où vient le nom de céphalopode ?

Le Précepteur. — Il signifie mollusque à tête. Sa bouche est entourée d'appendices charnus qui lui servent de pieds.

Louise. — Comment les sèches fournissent-elles la sépia ?

Le Précepteur. — Leur corps délicat repose sur une coquille calcaire très-imparfaite, à laquelle on a donné le nom d'os de sèche, substance qu'on place dans les cages d'oiseaux pour user le bout de leur bec disposé à s'accroître. Ainsi livrés aux caprices des eaux, ces mollusques appartiendraient aux premiers prenants, si Dieu ne les avait doués de la faculté de répandre autour d'eux une liqueur colorante qui les dérobe à tous les yeux.

Georges. — Dans quoi la sépia est-elle contenue?

Le Précepteur. — Dans une vésicule particulière, d'où on la tire quand la sèche est prise vivan'e; ainsi, pour les services qu'elle rend à l'animal d'abord, à l'homme ensuite, la sépia remplit un double but d'utilité. Tout cela ne résulte pas du hasard, et la bonté divine se montre surtout admirable quand on la considère dans ses rapports avec la création. Le nautile, par exemple, est à lui seul capable d'étonner notre intelligence par les ressources qu'il emploie dans sa navigation. Une coquille mince, transparente, légère, lui sert de nacelle et le pousse sur les flots; ses appendices lui sont comme des rames et l'aident à se diriger, soit qu'il veuille rester à la surface ou plonger dans l'abîme.

Louise. — Mais si l'embarcation est si

fragile, elle doit se briser contre les récifs?

Le Précepteur. — Chaque être obéit à l'instinct de conservation que Dieu a mis en lui ; aussi voit-on l'argonaute et le nautile se tenir au large pour se soustraire aux dangers des côtes.

Louise. — Quel est le type du genre gastéropode?

Le Précepteur. — Le limaçon ; la patelle et les pectinibranches viennent ensuite. Les genres les plus estimés sont le cornet, la toupie et le sabot, à cause de la forme de leurs coquilles.

Georges. — Ces coquillages sont-ils recherchés?

Le Précepteur. — Beaucoup pour leurs couleurs variées. La pourpre, qui fait partie de cet ordre, fournit une substance dont on tire un très-grand parti pour la teinture des étoffes.

Georges. — La couleur pourpre est-elle naturelle?

Le Précepteur. — Pour l'employer on ajoute vingt onces de sel à cent livres de matière colorante, et on laisse macérer ce mélange pendant trois jours ; après quoi on le met en ébullition pour la teinture des iaines. La vessie contenant ce liquide est placée entre le foie et le cou du mollusque. La cochenille remplace la pourpre. Le *casque triangulaire*, et le *rocher forte-épine* font partie du genre céphalopode.

GEORGES. — Quel caractère particulier distingue les mollusques acéphales?

LE PRÉCEPTEUR. — Leur nom, qui signifie privés de tête, dit assez combien leur organisation est reculée dans l'échelle des êtres.

LOUISE. — Comment peuvent-ils vivre en cet état?

LE PRÉCEPTEUR. — Les molécules nutritives leur sont apportées par l'eau et déposées dans une ouverture qui est leur seul organe de la manducation. Ce sont ces coquillages qu'on trouve déposés par milliers dans les couches solides du globe. Les huîtres font partie du genre acéphale, ainsi que les tridaines, coquilles d'énormes dimensions.

L'église de Saint-Sulpice, à Paris, possède un bénitier formé d'une seule valve de ce mollusque gigantesque. La République de Venise l'offrit jadis à François Ier, Louis XV en fit plus tard don au clergé.

La mer a encore d'autres richesses ; la pintadine ou huître à perles , est un trésor que nos lapidaires exploitent et que le luxe paie. Les plus belles valves de pintadine fournissent la nacre , le reste ne sert plus dès qu'on en a retiré les perles.

Georges. — C'est donc la coquille qui les produit ?

Le Précepteur. — Elles résultent de certaines combinaisons cristallines assez semblables à des excroissances ; souvent on les trouve détachées de la coquille, d'autres fois, au contraire, elles y sont adhérentes et ne tombent que sous le coup de l'instrument propre à cet usage.

La mer renferme aussi les mollusques articulés ; leur chair est très-recherchée, comme celle de la crevette, du homard, etc. On y trouve de nombreux zoophytes , dont l'organisation se rapproche à ce point des minéraux, que le corail , l'un d'entre eux , a été longtemps pris pour un produit naturel des roches marines.

Les mollusques sont des formations à l'état le plus simple ; vous avez vu cependant si, même à leur égard, la Providence a cessé de se montrer pleine de sollicitude, et si , en créant un être, elle ne l'a pas mis dans les meilleures conditions d'existence relatives à sa nature. Énumérez les richesses qui ont passé sous nos yeux depuis qu'ensemble nous considérons la création dans ses diverses parties, et la terre sous tous ses aspects. Etres vivants ou fossiles , inférieurs ou supérieurs, anciens ou modernes, de la part du créateur c'est toujours la prévision la plus constante, la sagesse la mieux éclairée! Chacun, dans la sphère où il se meut, voit le sens qui lui manque suppléé par la délicatesse du sens dont il est pourvu , car, selon Dieu, il n'y a que des familles diverses et jamais d'êtres incomplets. Cette gamme des organisations correspond, pour l'homme, à la gamme des positions, en vertu de laquelle marche le monde pour arriver à sa fin dernière.

Partout les genres subdivisent l'espèce. Les mollusques, en tant que tels, n'ont pas plus la même forme que la même destination, et, sous un nom générique commun à tous, chacun rentre dans la famille particulière qui lui est assignée.

De même aussi , les hommes ont, avec une origine commune, des devoirs différents à remplir; leur sagesse consiste à s'en acquitter selon la volonté de Dieu , qui ne connaît ni riche ni pauvre , mais qui connaît les œuvres de chacun, et qui les récompense selon leur mérite.

VINGT-SIXIÈME ENTRETIEN.

Ichthyologie, ou histoire naturelle des poissons.

LE PRÉCEPTEUR. — Jusqu'à ce jour je vous ai expliqué par l'ordre biblique l'œuvre de la création; je resterai fidèle à cette méthode : « Au commencement Dieu dit : que les eaux produisent des animaux vivants qui nagent dans l'eau (*Genèse* , ch. 1er, v. 20), » et le nombre de ces êtres organisés fut en proportion de l'immense étendue qu'ils avaient à parcourir.

GEORGES. — A quoi servirent les poissons avant la création de l'homme?

LE PRÉCEPTEUR. — A purifier les eaux de tous les sucs qui leur étaient nuisibles et à former, par leurs débris fossiles, ces grandes couches de terrains stratifiés qu'on exploite depuis tant de siècles. Aucune espèce vivante ne se reproduit aussi abondamment que les poissons, aucune encore ne prend moins de souci de la ponte de ses œufs, dont le nombre est ordinairement de plusieurs mille pour une seule femelle.

Louise. — Leur quantité dépasse donc de beaucoup les besoins de l'homme?

Le Précepteur. — Sans doute; mais le reste débarrasse les eaux des corps organisés qu'elles entraînent incessamment, et, par ce moyen, les empêchent de se corrompre.

Georges. — Comment les poissons peuvent-ils vivre dans l'eau?

Le Précepteur. — Dieu les a doués d'organes propres à cet élément, et leurs formes témoignent de la sagesse avec laquelle toutes choses ont été prévues pour eux.

Georges. — Par quel moyen peuvent-ils ainsi plonger et revenir sur l'eau?

Le Précepteur. — Pourvus d'une poche membraneuse remplie d'air et désignée sous le nom de vessie, ils deviennent, à volonté, plus légers ou plus lourds, selon que la vessie se gonfle ou se dilate. La forme allongée de leur corps et les nageoires qu'ils possèdent, sont encore des organes qui les prédestinent à vivre au sein des ondes.

Louise. — Pourquoi leurs écailles sont-elles glissantes?

Le Précepteur. — Parce qu'une liqueur onctueuse les enduit et facilite leurs mouvements. Les poissons manquent de sensibilité ; leur sang est froid et leur organisation fort simple.

Georges. — Comment respirent-ils?

Le Précepteur. — Par la bouche et par les branchies placées sur le côté de la joue. Ces êtres organisés ne savent qu'obéir à leurs instincts ; le bien et le mal n'existent pour ainsi dire pas pour eux ; aussi le hameçon, le harpon et le filet, les trouvent toujours niaisement confiants. Dépourvus d'organes auditifs, les secousses que leur procure l'agitation de l'eau, est le seul signe qui les avertisse du danger. On divise les poissons en ostéoptérygiens ou osseux, et en chondroptérygiens ou cartilagineux. Ces deux genres comprennent plusieurs familles, dont la principale a la perche pour type, d'où lui est venu le nom de percoïde.

Louise. — Quels sont les caractères par-ticuliers de cette espèce de poisson ?

Le Précepteur. — Leur palais est garni de dents diversement disposées ; ils varient de couleur , mais la forme plate leur est propre. La perche abonde dans les eaux douces et salées.

La deuxième tribu , dite des trachinoï-des, a les vives pour type ; on les reconnaît à leur tête comprimée et à leur bouche obliquement fendue ; elles habitent la Mé-diterranée et les côtes de l'Océan, où sou-vent on les trouve dans la vase.

Louise. — Cette seconde tribu ne ren-ferme-t-elle pas d'autres familles ?

Le Précepteur.—On y compte celle des uranoscopes , poissons à têtes grosses et carrées. Une troisième tribu , les mulles , comprend :

PREMIÈRE FAMILLE.

Le chabot, les épinches , les scorpènes.

DEUXIÈME FAMILLE.

Le trigle, poisson bizarre qui se soutient dans l'air et qui fait un bruit si singulier quand on le prend, qu'il lui a valu le nom de grondin.

TROISIÈME FAMILLE.

Sciénoïdes.

QUATRIÈME FAMILLE.

Sparoïdes : la sargue, les bogues, les mendoles, le pagel, la daurade.

Les spares, dont la mâchoire est garnie de trois rangées de mollaires, servent de type à ce genre. Ces poissons se nourrissent de mollusques dont ils brisent la coquille, ou de végétaux marins.

CINQUIÈME FAMILLE.

Squammipennes, habitant les mers voisines de la ligne ; chétodons, castagnolles, archers, scombres.

SIXIÈME FAMILLE.

Scombéroïdes, à formes élégantes, à écailles minces, au corps lisse, à queue vigoureuse. Leur chair est excellente. Le thon et le maquereau sont de cet ordre. Scombres, espadons, antronotes, carangues dorées, coryphènes.

SEPTIÈME FAMILLE.

Tnéoïdes : lépidopes, trichures, gymnétères, rubans.

HUITIÈME FAMILLE.

Strepsibranches : organes respiratoires très-remarquables. Anabas, ophicéphale.

NEUVIÈME FAMILLE.

Gabioïdes : privés de vessie natatoire.

DIXIÈME FAMILLE.

Lophioïdes : la boudroie, poisson difforme de quatre à cinq pieds de long.

ONZIÈME FAMILLE.

Mugiloïdes : le muge se tient à l'embouchure des fleuves.

Les tétragonures ou à queue carrée; les athérines à flancs argentés.

DOUZIÈME FAMILLE.

Labroïdes : les labres au corps oblong, aux dents fortes, à riches couleurs.

TREIZIÈME FAMILLE.

Aulostomides ou *à bouche en flûte* : peu nombreuse mais fort singulière.

DEUXIÈME ORDRE.

Malacoptérygiens.

PREMIÈRE FAMILLE.

Cyprinoïdes, poissons d'eau douce assez semblables à la carpe : cyprins, carpes, barbeaux, goujons, tanches, loches, anableps.

DEUXIÈME FAMILLE.

Esoces : brochet, orphies, exocets, mormyres.

TROISIÈME FAMILLE.

Siluroïdes, à corps privé d'écailles, à peau gluante, et vivant dans la vase : les silures, les pimélodes, les malacoptérures, les loricaires.

QUATRIÈME FAMILLE.

Salmonés, dont le saumon est le type. Ce poisson entreprend chaque année de très-longs voyages, et remonte souvent jusqu'à la source des courants les plus rapides. Un grand nombre de poissons, remarquables pour la délicatesse de leur chair et la beauté de leurs formes, appartiennent à ce genre.

Georges. — Pourquoi les saumons voyagent-ils ainsi?

Le Précepteur. — Parce qu'ils ont l'habitude de déposer leur ponte près de la source des fleuves. Arrivés au but de leur voyage, ils creusent des trous en terre, y déposent leurs œufs, les recouvrent, et reviennent au point d'où ils sont partis.

Louise. — Combien durent leurs promenades?

Le Précepteur. — La moitié de l'année, et par conséquent la moitié de la vie de ce genre vagabond. La truite, l'éperlan, le bécard font partie des salmonés.

Georges. — Quelles espèces composent la cinquième famille?

Le Précepteur. — Les clupoïdes, comprenant les harengs, les anchois et les sardines.

Georges. — Les harengs ne sont-ils pas en très-grande quantité au sein des eaux?

Le Précepteur. — Toutes les années il en part des masses considérables de la mer du Nord, c'est ce qu'on appelle des bancs de harengs. Les autres poissons les poursuivent pour se nourrir de leur chair, et, malgré la guerre qu'ils leur livrent, on en fait des pêches considérables.

Georges. — En partant, ils se dirigent donc tous vers l'Europe?

Le Précepteur. — Non, la Providence est si admirable dans ses combinaisons, qu'elle distribue avec une égale sagesse, aux deux hémisphères, les produits dont ils ont besoin. C'est ainsi que, réunis en colonnes serrées au moment de leur départ, les harengs prennent bientôt deux routes différentes, et, tandis que les uns portent l'abondance sur les côtes de l'Amérique, les autres viennent la répandre sur les côtes de l'Europe.

Un troisième ordre de poissons de mer comprend quatre familles, savoir :

Les gadoïdes, dont la morue est le type.

Les pleuronates, poissons à bouches obliques comme la sole, le turbot, la limande ; cette espèce vit au fond de l'eau.

Les discoboles, assez semblables aux pleuronates, comprennent le porte-écuelle et le cycloptère.

Les échénéis , petits poissons tels que le remora et le sucet.

Le quatrième ordre, des *malacoptéry-giens apodes*, comprend la seule famille des anguilliformes, poisson assez semblable au serpent, et qui se tient au fond de l'eau, quoique doué d'une vessie natatoire.

Le cinquième ordre, des *lophobranches*, ne renferme que deux genres , les syngnathes et les pégases , dont les branchies , au lieu de ressembler à des dents de peigne , se divisent en petites houppes.

Le sixième ordre , ou *plectognathes*, ne comprend que les deux genres gymnodonte et ostéoderme.

Le septième ordre, *sturionien* , a l'esturgeon pour type. Ce poisson est dépourvu de dents et pèse parfois plusieurs milliers de livres ; la longueur de son corps varie de six à vingt pieds. On le pêche dans la mer Noire et dans la mer Caspienne ; sa chair se mange rôtie.

Le huitième ordre , des *chondroptéry-giens*, a les branchies fixes ; les poissons les plus redoutables par leur férocité et leur audace, font partie de ce genre, composant seulement deux tribus.

GEORGES. — Ces monstres marins ont-ils des dents ?

LE PRÉCEPTEUR. — Oui, et le plus ordinairement elles sont mobiles.

GEORGES. — Quelles espèces font partie de la première tribu ?

LE PRÉCEPTEUR. — Les sélacides, dont les petits naissent vivants; leur chair est coriace, leur queue grosse et charnue : de ce genre, le seul chien de mer sert de nourriture aux gens pauvres. Les roussettes, les squales, les marteaux, les anges et les scies sont de la tribu sélacide.

GEORGES. — Qu'est-ce que les roussettes?

LE PRÉCEPTEUR. — Une sorte de petit requin très-redoutable pour les autres poissons et même pour l'homme; sa peau, connue sous le nom de peau de chagrin, sert à polir l'ivoire, le bois dur et même les métaux. Les femelles des roussettes font jusqu'à trente petits à la fois. Le genre squale comprend les requins, les milandres, les émissoles, les pèlerins, les aiguillats, les humantins et les leiches. Le requin, le plus terrible animal marin, est d'une grande ressource en certains pays; les Groënlandais, par exemple, font de l'huile à brûler avec son foie, et se servent de sa peau pour faire des souliers, des harnais et de petites nacelles, etc. La tribu des batides forme un groupe très - nombreux comprenant les genres rhinobate, torpille, les raies, les pasténagues, les maurines.

GEORGES. — Tous ces poissons n'habitent-ils pas le fond des eaux ?

LE PRÉCEPTEUR. — Précisément ; mais on connaît les endroits qu'ils occupent, et la pêche qu'on en fait est très-abondante. Une singularité distingue particulièrement le genre torpille : ce poisson donne à la main qui le touche une si violente commotion, qu'elle est soudainement engourdie.

GEORGES. — A quoi attribue-t-on ce phénomène ?

LE PRÉCEPTEUR. — Les physiciens le rapportent aux effets de l'électricité.

LOUISE. — Ainsi, le nombre des habitants de l'onde est immense, malgré la guerre que leur livre l'homme ?

LE PRÉCEPTEUR. — Leur reproduction est considérable ; les œufs seuls d'une carpe engendrent des milliers de carpillons, et c'est à cette prodigieuse fécondité qu'il faut attribuer l'insouciance des poissons pour leur ponte.

Louise. — Tous ces êtres vivants se mangent-ils entre eux ?

Le Précepteur. — La destruction est une loi générale dont il faut connaître les causes pour n'en pas blâmer les effets. Ces myriades de petits poissons, dont la mer est remplie, la purgent des animalcules que lui livrent, soit le courant des eaux, soit l'atmosphère. Sans ces hôtes infimes, les sources seraient putréfiées et les grands poissons détruits. Mais en même temps que les petits poissons épurent l'élément liquide, ils fournissent une nourriture abondante à l'homme et aux gros poissons, source d'industrie.

Les oiseaux, comme les poissons, se nourrissent d'insectes, qui ont pris aux végétaux leurs sucs les plus purs. Les poissons, à leur tour, suivent la loi commune aux êtres organisés. L'homme lui-même n'a-t-il pas passé par l'anthropophagie? Pour les animaux, la conservation des uns entraîne la destruction des autres, et, comme le dit Bernardin de Saint-Pierre: « A quoi serviraient, parmi les bêtes, des vieillards sans réflexion à des postérités qui naissent avec toute leur expérience? D'un autre côté, comment des pères décrépits trouveraient-ils des secours parmi des enfants qui les quittent dès qu'ils savent nager, voler ou marcher? »

A l'enfant incapable de se mouvoir, la mère sert de nourrice intelligente; pour un jeune homme qui commence à marcher dans la vie, le père devient un guide sûr; le vieillard, en finissant sa carrière, éclaire de son expérience la route que d'autres doivent parcourir, et la carrière humaine a ses jalons dont nul ne s'écarte en vain! Si donc toute vie aboutit à l'homme dans la nature, c'est que l'homme seul doit aboutir à l'éternelle intelligence. Appelé dans l'ordre de la création à dominer sur tous les êtres, qu'une aussi haute destinée le rende reconnaissant, et qu'il glorifie celui qui seul doit être glorifié.

FIN DU PREMIER VOLUME.

TABLE DES MATIÈRES

CONTENUES DANS LE PREMIER VOLUME.

— ❧ —

FIN DE LA TABLE.